2권

# NCS 커피 레귤레이션

국가직무능력표준

# 바리스타

윤선희 · 이영민 · 최근표 · 정진범 · 이승훈 공저

오스틴북스
AUSTIN BOOKS

# 대한민국 커피의 기준을 만든 사람들을 위한 추천의 글

세상은 변하고 있습니다. 시작은 어디에서였든 어디로 갈지 모르게 조금씩 변화되기 마련입니다. 당연히 우리 사람들이 모여 사는 세상의 변화는 사람들이 이루어 가고 있겠지요.

20여 년 전 처음 사업을 시작할 때, 지금의 나의 모습은 상상도 하지 못했습니다. 그 동안 많은 사람들과 만났습니다. 우리 커피산업과 이에 수반된 산업의 발전에 의해 우리 스스로 덩달아서 변화하게 되었습니다. 어떤 이는 자신의 노력에 의해 발전하였고, 어떤 이는 주변의 상황에 의해 발전하였고, 또 어떤 이는 도태되었으며, 그리고 어떤 이는 이 틈을 이용해서 자신어떤 이익을 취할까하며 눈치를 보기도 하였습니다.

어떤 학교를 나왔는지 어떤 능력이 있는지는 크게 중요하지 않는 것 같습니다. 나는 나름대로 이 시대 대한민국에서 모두가 알아주는 일류 대학의 일류 학과를 나왔습니다. 그리고 모두가 부러워하는 일류기업을 다니다가 사업을 시작하였습니다. 하지만 부끄럽게도 20여년 동안 자기 개발을 위해 노력한 것이 별로 없는 것 같습니다. 이 책의 저자들을 보면서 많은 반성을 하고 있습니다. 말로는 10만 시간의 법칙을 이야기합니다. 지나온 시간이 중요하지 않습니다. 노력의 시간이 중요합니다. 묵묵히 세상 아무도 알아주지 않는 커피라는 분야, 그것도 바리스타라는 분야에서 그 노력의 시간을 쌓아서 본인의 실력을 쌓아온 사람들이 있습니다.

멋진 사람은 자기 자신의 노력에 의해 발전하며 그리고 이렇게 쌓아온 능력을 후배들을 위해 베풀어 주어 우리 커피산업을 발전시켜 주는 사람이라고 생각합니다. 그런 멋진 사람들의 출판물에 이런 글을 쓸 수 있게 된 것에 대해 감사함을 느낍니다.

우리는 교육이 얼마나 중요한지에 대하여 많이 들어 왔습니다. 학교에서 배우는 기초적 지식들의 중요성을 알고 있습니다. 세상에서 사람답게 살기 위한 기초가 되었습니다. 물론 자기 전공을 통하여 세상의 삶을 영위하기도 합니다. 또한 졸업 후 각자의 위치에서 새롭게 자기가 원하는 일을 위해 알게 모르게 교육을 받아 왔습니다.

커피 산업은 이 시대의 뜨거운 화두이지만 아직도 미진한 분야이기도 합니다. 시작된 지 얼마 안되는 분야이고 저마다 전문가이지만 실상은 그런 전문가는 소수이기 때문입니다. 커피산업은 산지 재배에서 시작되기 때문에 농업이 그 시작입니다. 하지만 우리와는 관계없는 곳에서 재배되고 분리되고 포장되는 과정을 거치고 있습니다. 물론 커핑을 통해서 좋은 커피와 내가 원하는 커피를 골라낼 수는 있습니다. 하지만 이런 과정은 매장을 운영하거나 매장에서 일을 할 사람들의 몫이 아닙니다. 핸드폰을 고르기 위해서 프로세스 칩의 성능과 운영 체계를 공부할 필요까지는 없습니다.

프로 바리스타가 되기 위한 올바른 방향을 제시하기 위해 끝임없는 연구를 하고 이론을 만들고 다시 토론하면서 바리스타의 이론과 실무를 총괄하는 교재가 이제야 나오는 것 같습니다.

어떤 분야에도 기준이 있습니다. 커피산업 교육의 기준을 만들기 여러 해 동안 준비해 오는 과정을 보았습니다. 주말에 모여 토의하는 모습들도 보았습니다. 물론 모든 것이 획일적인 방식이 되는 것은 반대합니다. 하지만 근본은 있어야 합니다. 바리스타라는 직업을 택한 사람들이라면 또한 바리스타를 교육하고 있는 분들이라면 우리 커피 산업의 미래를 위해서 근본적인 기준은 이해하고 나아가야 할 것입니다.

그 동안 노력해 오신 저자 다섯 분의 노고를 치하하며 스스로에게 묻습니다.

"늦은 건 없어. 지금이 다시 시작할 가장 빠른 때인걸 알지?"

KCA 한국커피연합회 고문 이세욱

# 머리말

실무능력 중심의 인재가 주목받는 사회적 분위기로 한국의 교육 역시 다양성과 자율성을 인정하는 추세입니다. 일례로 해외 유학파들의 한국 유입이 급증하면서 외국에서 즐겨온 다양한 나라의 문화적 특징들이 일부 산업계에 영향을 주게 되었고 이는 다양성과 개성을 즐기고자 하는 소비자들의 욕구를 만족시키는 결과를 내고 있습니다.

특히 커피 산업은 최근 10년 사이 매우 빠르게 성장하였는데 커피 본고장이나 커피 문화 선진국의 특징들이 다양한 형태로 표출되고 있는 것이 특징입니다. 깔끔하며 개성있는 인테리어, 기분 좋은 커피 향, 포근한 분위기들로 커피 전문점 창업과 관련 직종으로의 취업은 매해 증가하고 있지만 이러한 증가세와 함께 폐업과 이직률 역시 빠르게 증가하고 있는 것이 현실입니다. 이러한 현실의 원인이 경기불황과 불안정한 사회구조라고 많은 이들은 이야기합니다. 하지만 구조적인 현실의 문제보다는 실무에 대한 기본 지식의 부재가 가장 중요한 사안임을 우리는 알고 있습니다.

이러한 시점에서 지식, 기술, 태도를 국가에서 표준화 한 국가직무능력표준(NCS: National Competency Standards)은 반가운 소식입니다. 혹자는 이러한 표준으로 다시 획일화되는 것이 아니냐는 우려의 목소리도 있습니다. 하지만 자유란 일정한 법과 규칙이라는 울타리 안에서 보호받는 것과 같이 산업 현장의 활발한 활동은 기본 표준안에서 시스템을 설계하고 발전시켜 나갈 때 안정적으로 유지할 수 있습니다.

이에 발전하는 커피 교육과 산업 현장에서 현실의 변화에 알맞게 적용할 수 있도록 각 분야의 커피 전문가들이 모여 이 책을 출간하게 되었습니다. 방대하고 다양한 커피 자료를 정확한 데이터로 수치화한다는 것은 매우 어려운 작업입니다. 하지만 이 책을 통해 커피 기본지식을 필요로 하는 바리스타와 카페(Cafe) 창업자들이 정보를 얻고 실무에서 손쉽게 적용 가능하도록 국가직무능력표준(NCS)에 맞춰 내용을 구성하였습니다. 본서는 총8개의 Part로 구성되어 2권으로 나누어져 있습니다.

1권에는 커피의 기원부터 재배, 가공을 거쳐 추출 등의 기술적 요소에 이르는 과정을 단계별로 구성하였으며, 2권에는 실무에서 필요한 우유스티밍, 커피 메뉴와 매장 서비스 등을 설명하였습니다.

또한 교재와 함께 서비스되는 영상강의를 함께 시청할 경우 커피이론과 바리스타 실전기술에 좀 더 쉽게 접근할 수 있을 것입니다.

끝으로 교재 출판에 힘써주신 오스틴북스의 정현성 대표, 성백철 차장, 백지선 실장, 그리고 편집부 직원들께 감사드립니다. 아울러 출간에 도움을 주신 (주)메테오라 김황 대표, (주)대교통상 유동열 대표, 글로벌BNP 김선영 대표, (주)예담 장성수, 한병규 대표, CBSC Korea 이호준 대표께 감사의 말씀을 전하며, 멋진 사진을 촬영해주신 이윤행 포토그래퍼, 사진을 제공해주신 GSC인터내셔날, 마지막으로 이 교재를 바탕으로 멋진 영상강의를 제작해주신 이종철 이사, 임종명, 유정현, 류연주 바리스타에게도 고마움을 전합니다.

이 한권의 책이 대한민국 바리스타 기술과 대한민국 커피산업 발전에 작은 밑거름과 길잡이가 되기를 바라며 커피를 사랑하는 모든 이들에게 친구와 같은 존재가 될 수 있기를 희망합니다.

2016. 02.
저자 일동

# 지은이 소개

## 윤선희

CBSC International 전무
CBSC 센서리 교육 트레이너
커피나무 출판사 대표
Coffee T&I 매거진 발행인(2011~2015)
e-mail : sunny@cbsc.nworks.me

### 자격

WBC 월드바리스타챔피언십 심사위원(2012~2016)
WLAC 월드라떼 아트챔피언십 심사위원(2013~2014)
SCAE Authorised Trainer Agreement(2012~2017)
SCAA Barista 자격 취득(2014)
CQI Q–Grader 자격 취득(2010, USA)

### 심사경력

2015 WBC 월드바리스타챔피언십 센서리 심사위원(미국)
2015 KNBC 한국내셔널바리스타챔피언십 헤드 심사위원(대한민국)
2014 WBC 월드바리스타챔피언십 센서리 심사위원(이탈리아)
2014 CBC 중국바리스타챔피언십 헤드 심사위원 (중국)
2014 TBC 타이완바리스타챔피언십 센서리 심사위원(대만)
2014 UBC 얼티밋바리스타챌린지 심사위원(러시아)
2014 WRC 월드로스터스컵 센서리 심사위원(타이완)
2014 KNBC 한국내셔널바리스타챔피언십 헤드 심사위원(대한민국)
2013 WBC 월드바리스타챔피언십 센서리 심사위원(호주)
2013 CBC 중국바리스타챔피언십 헤드 심사위원(중국)
2013 PIBC 푸산인터내셔널바리스타챔피언십 심사위원(중국)
2013 KNBC 한국내셔널바리스타챔피언십 헤드 심사위원(대한민국)
2012 WBC 월드바리스타챔피언십 센서리 심사위원(오스트리아)
2012 WRC 월드로스터스컵 센서리 심사위원(타이완)
2012 KNBC 한국내셔널바리스타챔피언십 헤드 심사위원(한국)
2011 WRC 월드로스터스컵 센서리 심사위원(타이완)
2011 KNBC 한국내셔널바리스타챔피언십 센서리 심사위원(대한민국)
2010 UBC 얼티밋바리스타챌린지 비주얼 심사위원(중국)
2010 KNBC 한국내셔널바리스타챔피언십 센서리 심사위원(대한민국)
2009 UBC 얼티밋바리스타챌린지 비주얼 심사위원(중국)

## 이영민

CBSC International 대표
SCAE 한국 교육 코디네이터
Coffee T&I 매거진 편집장(2011~2015)
전) (사)한국커피협회 이사
전) WCCK 국가대표선발전 조직위원장
한국 네슬레 마케팅 메뉴 개발(2013)
호텔신라 아티제 커피사업부 고문(2008~2009)
나주대학 바리스타과 외래 교수(2005~2006)
상지영서대학 호텔조리음료과 교수(200~2009
e-mail: topbarista@cbsc.nworks.me
www.topbarista.co.kr

### 수상경력
2010 UBC 얼티밋바리스타챌린지 라떼 아트 챔피언
2009 UBC 얼티밋바리스타챌린지 챔피언
2008 Coffeefest 커피페스트 라떼 아트 챔피언
2006 T&CWC 티앤커피월드컵 바리스타 챔피언
2004 WLAC 월드라떼 아트챔피언십 결승진출

### 자격
2008~2017 SCAE Authorised Trainer Agreement
2010 SCAE 월드커피챔피언쉽 라떼 아트 심사위원(런던)
2009 SCAE 월드커피챔피언쉽 라떼 아트 심사위원(독일)
2008 SCAE 월드커피챔피언쉽 라떼 아트 심사위원(덴마크)
2008 SCAE 월드커피챔피언쉽 굿스피릿 심사위원(덴마크)

# 지은이 소개

## 최근표

강원대학교 대학원, 식품공학 전공, 박사

〈저서〉

초콜릿공예 ABC, 디자인소리, 2008
한권으로 배우는 제과제빵 공예실무, 디자인소리, 2010
새로운 양과자 재료과학, 백산출판사, 2014
초보자부터 전문가를 위한 웰빙빵 만들기, 백산출판사, 2014
NCS기반 학습모듈-바리스타(커피 그라인더운용), 한국직업능력개발원, 2015
NCS기반 학습모듈-제빵(빵류제품 재료혼합), 한국직업능력개발원, 2016

〈경력사항〉

2010 KCABC 심사위원 (주최: (사)한국커피연합회)
2010~현재 커피바리스타 자격검정 심사위원 ((사)한국능력교육개발원 커피자격심사평가원)
2012~현재 강릉바리스타어워드 조직위원장 (주최: (재)강릉문화재단 강릉커피축제사무국)
2013 WSBC 심사위원 (주최: (사)한국커피연합회)
2014~현재 강릉마카롱마스타어워드 조직위원장(주최: (재)강릉문화재단 강릉커피축제사무국)
2007~2013 강원도기능경기대회 제과제빵 심사위원(주최: 강원도)
2007~2011 전국기능경기대회 제과제빵 심사위원(주최: 전국기능경기대회 조직위원회)
2009~현재 제과제빵기능사 실기시험 감독위원 제과제빵(한국기술자격검정원)
2010~2013 한국식품영양과학회 학회지 편집위원((사)한국식품영양과학회)
2010~2012 대한제과협회 학생기술지도위원장(사)대한제과협회)
2011~현재 한국제과제빵교수협의회 부회장(한국제과제빵교수협의회)
2009~현재 강릉시 농업기술센터 농업평생학습대학 운영위원(강릉시)
2010~현재 강릉커피축제실행위원(주최: (재)강릉문화재단 강릉커피축제사무국)
2012~현재 강원도 심층수산업위원회 위원(강원도)
2010~2015 강원도립대학 식품가공제과제빵과 학과장(강원도립대학)
2011 강원도립대학 평생교육센터 센터장(강원도립대학)
2014~2015 강원도립대학 산학협력단 단장(강원도립대학)
현재 강원도립대학교 바리스타제과제빵과 교수

## 정진범

2000년 국내 최초 바리스타 교육 전문 업체 BTS KOREA(Barista Training System) 설립.
KBC(Korea Barista Championship) 2003–2005  운영위원장
WSBC(World Super Barista Championship) 2008  운영위원장
WSBC(World Super Barista Championship) 2010–2011  심사위원장
KCA(한국 커피 연합회) 2012–2014 8대 감사
2013 NCS(국가직무능력표준) 바리스타 개발 분야 연구원
2014–2015 NCS(국가직무능력표준) 바리스타 학습모듈개발 집필진
현재 BTS KOREA 대표

## 지은이 소개

### 이승훈

송파 여성 문화회관과 바리스타 교육 협약 체결
커피 바리스타 자격증 송파 평가장
송파지역 최초의 커피 학원 등록
사단법인 한국 커피 연합회 회원사
신정여상 산학제휴
신구 전문대학 식품영양학과 산학 제휴
대원 대학교와 산학 협약 체결
소 상공인 창업자 교육 송파교육장
강원 도립 대학교와 산학 협약 체결
광주, 제주지점 오픈

2015년 사단법인 한국 커피연합회 자문위원
2015년 송파구청장님 표창
2015년 산업인력관리공단 바리스타 직무표준화 집필
2013년 산업인력관리공단 바리스타 직무표준화 개발원으로 활동
2012년 박근혜 대통령 후보 커피산업 발전 위원회 위원으로 임명
2011년 송파구청장님 우수강사 표창
올 어바웃 에스프레소 저자
기초 커피 바리스타 공저
2015년 WSBC 대회 대회장
2014년 WSBC 대회 심사위원장
1992년~현재까지 커피에스프레소 머신 기술자 및 바리스타 교육경력24년
이태리 커피에스프레소 머신 , 에스프레소 교육 연수
일본 핸드 드립 및 싸이폰 교육 연수
현 호서전문학교 특임 교수
현 커피스페이스 월간지 자문위원
현 송파여성 문화회관 커피 바리스타 과정 강의
현 사단법인 한국 커피연합회 이사
현 사단법인 한국 커피연합회 산학교육 분과 위원장
2013년 WSBC 대회 심사위원장
2013년 국민 권익위원회 특강
2012년 한양대학교 평생 사회 교육원 바리스타과정 강사
2012 전국 학생 바리스타 대회 자문위원
2012년 장애인 바리스타 대회 조직 위원장
2011년 한국 커피를 빛낸 리더 20인에 선정

2010년 한국커피 연합회 바리스타대회(KCABC) 조직위원장
2010~2012 소 상공인 창업자 교육 실시
2009~2012년 제천 대원 대학교, 강원 도립대학교 바리스타 특강
2007~9년 한국커피 연합회 바리스타대회(KCABC) 심사위원장
2007~2009년 외환카드  VIP고객, 현대백화점, KTF 고객 커피특강
2006~9년 나주대학 커피 바리스타 학과 초빙 및 겸임교수 역임
2006 한국커피연합회 주최 바리스타대회(KBC) 심사위원장
2006년 세계바리스타 대회(WBC) 한국 예선전  심사 부위원장
2005~7년 한국 바리스타 대회(KBC) 심사
2005~6 미국 시애틀, 스위스 세계 바리스타 대회 한국 대표 선수 양성
2004 세계 바리스타 대회 한국대회(CBC) 심사
성신여대 평생 사회 교육원 에스프레소과정 강사 역임
신구 전문 대학교 평생 사회 교육원 바리스타과정 강사 역임
MBC TV 특종 놀라운 세상 , YTN 및 다수 방송 출연

# CONTENTS

# 커피음료 우유 스티밍 실전

# CONTENTS

## COFFEE

## PART 08 커피매장 고객서비스

PART

# 06

# 커피음료 우유 스티밍

커피음료 우유 스티밍이란 스팀을 이용하여
우유를 데우고, 입자가 고운 거품을 만들며,
스팀 팁을 관리하는 능력이다.

# 우유 스티밍

에스프레소 머신에 장착된 스팀 완드 <sup>steam wand</sup>에서 분출하는 스팀을 이용하여 거품을 만들고, 우유를 데우는 작업을 총칭하여 우유 스티밍 <sup>milk steaming</sup>이라 한다. 에스프레소 커피를 사용하여 제조되는 커피음료의 상당수는 우유가 혼합된다. 고품질의 에스프레소에서 시작하여 다양한 커피메뉴가 더해질 때 커피시장은 감소되지 않고 발전한다. 우유를 스팀한 후 에스프레소 커피와 혼합한 형태의 음료를 총칭하여 밀크베이스 커피음료라 하

며, 대표적인 메뉴로는 카푸치노 <sup>cappuccino</sup>와 카페라떼 <sup>caffe latte</sup>가 있다. 거품의 양, 농도 등은 바리스타와 매장<sup>shop</sup> 형태에 따라 다르지만 공통적인 우유 스티밍 기술적 원리는 같다.

# Chapter 02 우유

우유는 수분, 지방, 단백질, 유당 및 무기질의 주성분과 비타민, 효소 등의 미량성분으로 구성되어 있다. 인체에 필요한 모든 종류의 영양소를 함유하고 있을 뿐만 아니라 흡수, 이용률이 높아 단일식품으로는 가장 완전한 식품으로 알려져 있다. 영양소로서 우유의 지방, 유당 및 단백질은 열과 에너지의 공급원이 되고, 특히 유단백질은 필수아미노산을 균형 있게 함유하고 있으며, 그 양도 다른 식품의 단백질보다 많다.

이 외에 우유에는 40여개의 효소도 들어 있다. 결론적으로 우유는 비타민C와 철분을 제외하고는 모든 영양소가 골고루 함유된 질 좋은 식품이다. 일반적으로 가장 많이 사용하는 우유는 시유이고, 실온에서 장기간 사용해야 하는 경우는 멸균 우유, 유당 분해 효소가 없는 사람에게는 유당 분해 우유 lactose free, 저지방을 원하는 사람에게는 저지방 우유를 사용하면 될 것이다. 우유를 가열하는 데 품질에 작용하는 요소는 유단백질과 유지방이다.

Joy Natural
Nutritious
Minerals
Vitamins Love
Got-Milk
Wholesome
High-protein
Calcium
Amazing Wonderful
Strong-Bones Healthy
Great-tasting
Nutrient-dense
Vitamin-D
**Milk**

## Chapter 03 우유의 종류

### 백색시유 market milk

일반적으로 마시는 흰 우유를 말하며, 유제품 중에서 가장 기본이 되는 제품이다.

### 가공유 processed milk

백색 시유에 다른 성분을 첨가하거나 여러가지 가공을 한 우유 제품이다.

- 강화우유: 우유에 무기질 및 비타민 성분을 첨가한 우유로 칼슘 강화, 비타민강화 우유 등이 있다.
- 유음료: 과일즙, 향료 또는 색소 등을 첨가하여 맛을 개선시킨 음료로 바나나, 초코, 딸기 우유 등이 있다.
- 특별우유: 사용 목적에 맞게 성분을 조정한 우유 제품으로 저지방, 유당 분해, 멸균 우유 등이 있다.

| 저지방 우유 | 유당 분해 우유저유당 | 멸균우유 |
|---|---|---|
| 우유의 유지방을 부분 제거한 우유로 살이 찌는 것을 방지하는 우유이다. | 우유의 유당 분해 효소로 처리하여 유당을 분해한 우유로 우유 분해 효소가 없는 사람을 위해 만든 우유이다. | 우유의 유통기간을 늘리기 위해 살균한 우유이다. |

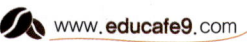

## 우유의 종류

 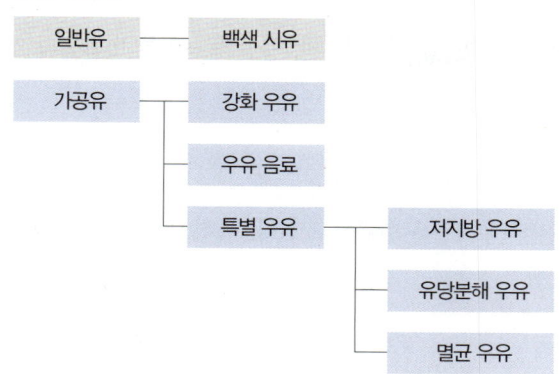

| 일반유 | 백색 시유 |
| 가공유 | 강화 우유 |
| | 우유 음료 |
| | 특별 우유 → 저지방 우유 |
| | 유당분해 우유 |
| | 멸균 우유 |

# 우유의 성분

### 수분 water

우유 전체에서 약 88%를 차지한다.

### 단백질 protein

유단백질은 우유의 약 3%를 차지하며, 단백질의 82%를 차지하는 것은 카제인 casein 이고, 나머지 18%에 해당하는 것은 대부분 유청 단백질 whey protein 로 구성되어 있다. 유청 단백질은 열에 의해서 응고되는 단백질로서, 우유를 가열하면 우유 표면에 얇은 막이 형성되는데, 이것이 유청 단백질이다.

철 0.1mg
비타민B1 0.03mg
비타민B2 0.15mg
인 90mg
칼슘 100mg
당질 4.6g
유단백 3.0g
우유 100g당
유지방 3.5g

### 지방 milk fat

유지방은 우유의 약 3.5%를 차지하며 주로 에너지원으로 이용된다. 일반적으로 저지방 우유는 지방이 약 1%이다.

### 탄수화물 lactose

유당은 우유에 약 4.6% 함유되어 있으며, 유당 분해 효소가 없는 즉, 유당 불내증 lactose intolerance 이 있는 사람들을 위해 유당 분해 우유 lactose free 가 있다.

### 비타민 <sup>vitamin</sup>

비타민은 인간의 영양을 위한 필수 물질이며, 우유에는 이들 비타민의 거의 모든 종류가 함유되어 있다.

### 무기질 <sup>minerals</sup>

우유는 비교적 높은양의 무기질을 함유하고 있다. 특히 Ca의 함량이 높으며, 성장과 신진대사에 중요한 역할을 한다.

**우유에 함유된 무기질의 함량**

| 성분 | 평균 | 함유 범위 |
|------|------|-----------|
| Ca | 121 | 114 ~ 124 |
| Mg | 12.5 | 1.7 ~ 13.4 |
| K | 144 | 116 ~ 176 |
| P | 65 | 53 ~ 72 |
| Cal | 108 | 92 ~ 131 |
| Na | 60 | 48 ~ 79 |

## 스티밍 후 우유의 구조 변화

우유에는 단백질, 지방, 당분이 함유되어 있다. 우유의 성분 중 스티밍과 관련된 성분은 지방과 단백질이다. 목장에서 착유한 원유를 그대로 방치해 두면 유지방구 <sup>milk fat globule</sup> 가 차례로 부상하여 위쪽에 크림층이 형성되지만, 시판되는 우유제품은 제조과정에서 유지방구를 작게 만들어 크림분리가 일어나지 않게 균질화 과정을 거친다. 이러한 우유에 스팀을 넣어주면 우유지방에 공기 입자가 흡착하게 된다. 하지만 지방의 특성상 공기를 오랫동안 잡아 두지 못한다. 지방에 흡착된 공기는 스티밍 과정에서 온도가 상승되면서 단백질이 서서히 녹게 되는데, 이 단백질이 지방에 흡착되어 있는 공기입자를 감싸게 된다. 스티밍이 완료된 우유는 담백하고 부드러운 맛과 함께 유당에 의해 단맛을 내게 된다.

### 유지방

대부분 유지방구의 크기는 직경이 0.1~10.0μm이지만 대부분은 2~5μm의 구형을 하고 있다. 우유는 순수한 물보다 표면 장력이 낮으며, 일정 온도(약 30℃) 이상으로 가열하면 표면 장력이 더 낮아지고 이때 기포가 발생하게 된다. 이 기포들은 지방과 결합하게 된다.

## 단백질

우유를 스티밍할 때에 40℃ 정도에서 수분이 증발하면서 우유 성분이 농축된다. 동시에 공기입자들이 지방과 단백질의 막에 기포형태로 흡착하면서 부드럽고 광택이 있는 상태가 만들어진다. 그 후 가열을 계속하게 되면 각각의 성분들이 분리되면서 표면에 단백질이 응고되고 냄새를 발생시킨다.

| 완전한 스티밍 | 불완전한 스티밍 |
|---|---|
| 균일한 유지방구와 기포를 지니고 있어 부드럽고 윤기가 나는 거품층을 형성한다. 이러한 거품은 오랫동안 지속되고 맛과 느낌이 좋다. | 유지방구들이 분리되면서 다시 큰 유지방구와 작은 유지방구로 분리되고, 스팀을 통해 생성되는 기포들이 이와 결합하여 거품층이 엉성하게 형성된다. 이러한 거품은 우유와 분리가 빨리 일어나고 맛도 좋지 않게 된다. |

| 적당한 온도 | 과도한 온도 |
|---|---|
| 적당한 온도약 65℃ 전후까지는 고소함과 바디감을 주고, 스팀 팁을 적당히 담가 스티밍 했을 때 대류가 일어난다. 지방과 단백질을 고루 섞어 맛있고 품질 좋은 스팀 우유를 만들 수 있다. | 우유의 신선함을 잃게 하고 좋지 않은 비린내를 발생시킨다. 우유의 온도도 빠르게 올려 스팀을 하게 되면, 단백질과 지방성 피막이 그에 따라 빠르게 형성되어 품질 좋은 스팀 우유가 만들어지지 않는다. 맛도 떨어진다. |

# 스팀 완드

## 스팀 완드의 거품 형성 원리

많은 바리스타들이 에스프레소 머신에 부착되어 있는 스팀 완드에서 나오는 수증기를 우유 속에 담그면 자연스럽게 거품이 발생하는 것으로 알고 있다. 어떻게 보면 완전히 틀린 말은 아니지만 정확한 원리는 스팀 완드로 공기를 직접 주입시켜 주는 역할보다는 주변에 있는 공기를 끌어 당겨 우유속에 넣어주는 역할과, 우유를 가열하는 역할을 하는 것이다. 공기를 끌어당기는 원리는 수증기가 물상태보다 더 많은 운동력을 지니고 있으며 이는 분자의 움직임이 더 활성화 된다는 것이다. 이러한 운동력 증가는 곧 압력의 상승을 가져와 스팀 완드에서 품어져 나오는 수증기의 힘으로 주변의 공기를 끌어당기게 하는 원리이다.

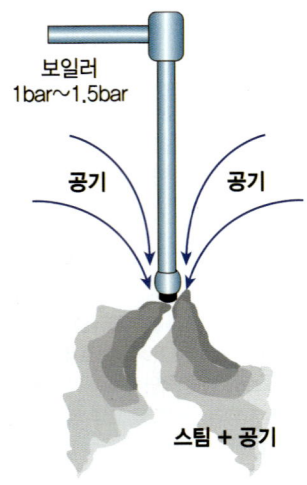

## 스팀 완드 구조

스팀 밸브 steam valve
스팀 노브 steam knob

스팀 완드 Steam Wand
스팀 파이프 Steam Pipe

스팀 팁 Steam Tip
스팀 노즐 Steam Nozzle

▲ 스팀 완드 구조

스팀 밸브는 스팀의 개폐를 통해 스팀의 양을 조절하는 부분으로 내부의 밸브와 개폐를 담당하는 손잡이로 구성되어 있다. 사용방식에 따라 위, 아래로 작동하는 레버식 lever 과 돌리며 작동하는 다이얼식이 있다. 레버식은 한쪽 방향으로(일반적으로 아랫방향이나 윗방향도 있음) 레버를 내리면 밸브가 열려 스팀이 나온다. 돌리는 다이얼식의 경우에는 반시계 방향으로 돌리면 스프링이 당겨지면서 밸브가 열리고, 시계 방향으로 돌리면 스프링이 늘어나면서 밸브가 잠기게 되어 있다. 밸브를 많이 돌리면 스팀이 강하게 나오고, 조금 돌리면 약하게 나온다. 스팀의 세기는 스프링에 의해 조절된다.

▲ 다이얼식

▲ 레버식

## 스팀 완드 steam wand

윗부분에는 스팀 밸브와 끝부분의 스팀 팁으로 구성되어 있다. 전체를 스팀 완드라고 부르기도 한다. 우유 속에 직접 담궈서 사용하기 때문에 항상 청결한 상태를 유지해야 하며 매우 뜨겁기 때문에 각별히 사용법을 숙지해야 한다. 사용 후에는 우유가 노즐 안쪽에 남아 있기 때문에 바로 밸브를 열어 우유를 제거해야 한다. 우유를 빨리 제거해 주지 않으면 우유가 안에서 굳어 스팀이 점점 약해지는 현상이 일어날 수 있다. 스팀 밸브를 열면 스팀 팁에 남아 있는 우유가 튀어나온다. 행주를 이용하지 않고 그냥 스팀 밸브를 열면 주위가 지저분해진다. 스팀 밸브를 열어 청소한 후에는 스팀 팁에 묻어 있는 우유를 젖은 행주로 깨끗이 닦아 준다.

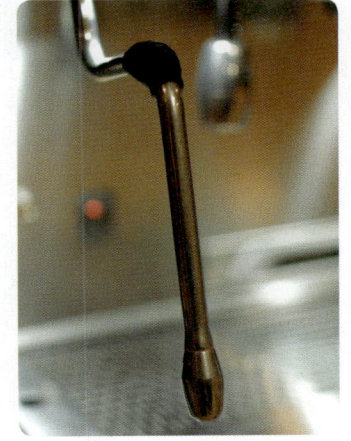

## 스팀 팁 steam tip

에스프레소 머신은 제조회사에 따라 각기 다른 모양과 특성을 가지고 있다. 스팀 팁에 모양과 노즐 개수에 따라 분출 모양과 세기가 달라지게 되며 스티밍 방법을 달리해야 한다. 또 하나 고려해야할 점은 에스프레소 머신의 보일러 크기와 보일러 압력 셋팅인데, 이에 따라 수증기의 생산능력과 분출능력이 결정된다. 일반적으로 사용하는 스팀 팁의 노즐 개수는 일반적으로 3~4개이다. 작은 용량 피쳐를(300~600ml) 사용할 때는 3개짜리가 사용하기 쉽고, 큰 용량(900~1200ml)을 사용할 경우에는 4개짜리가 편리하다.

스팀 팁의 성능은 아래와 같은 조건과 조합에 따라 달라진다.

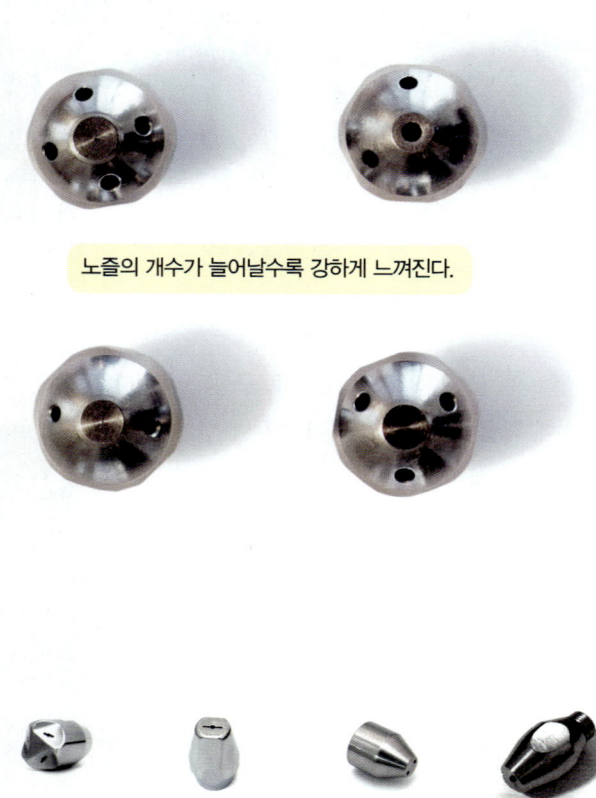

노즐의 개수가 늘어날수록 강하게 느껴진다.

▲ 다양한 모양의 스팀 팁

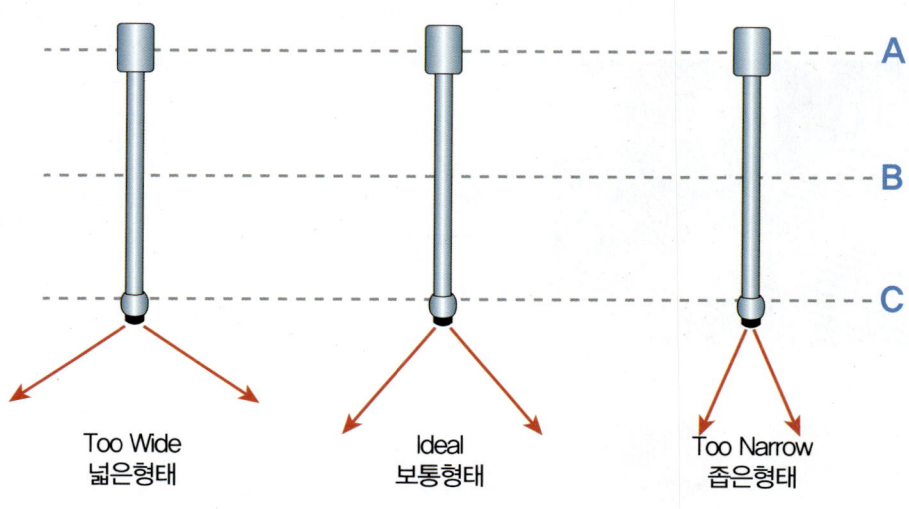

A

B

C

Too Wide
넓은형태

Ideal
보통형태

Too Narrow
좁은형태

▲ 스팀 완드의 각도

스팀 분출 각도가 좁을수록 강하게 느껴진다.

# Chapter 05

# 스팀 완드 분해 및 청소 방법

스팀 완드를 잡고 스팀 팁을 반시계 방향으로 돌려 분해한다. 머신마다 공구를 사용해야 하는 경우도 있고 간단하게 돌려지는 것도 있다. 청소 상태가 불량한 경우 잘 분리되지 않을 수 있다.

스팀 완드 steam pipe 안은 청소용 가는 솔을 이용하여 닦아 주면 된다.

스팀 팁 또한 가느다란 솔치간 칫솔로 닦아 준다. 금속 재질로 된 강한 기구를 사용하면 스팀의 구멍이 커져 스팀이 많이 나와서 우유 스티밍이 어려워질 수 있으므로 유의해야 한다.

영업 마감 시 스팀 피쳐에 스팀 완드를 담가 놓는 경우가 있는데, 이는 파이프 안에 있을 수 있는 우유 성분을 분해해 주는 좋은 습관이다.

## 스팀 완드 관리

우유 스티밍을 완벽하게 사용하기 위해서는 관리가 매우 중요하다. 일련의 청소 과정을 철저히 관리하여야 위생적인 머신 관리를 할 수 있고 머신의 수명도 늘릴 수 있다.

### 시작전 스팀 완드 속 수분 제거

스팀 밸브를 열어 스팀을 짧게 분사하는 작업이다. 스팀 사용 후 남아 있는 수증기가 식어서 스팀 완드 안에 공기와 함께 물이 응집되어 있게 된다. 이 물을 제거하지 않고 우유를 데우면 우유를 묽게 하는 원인과 함께 공기로 인해 큰 거품이 형성된다. 따라서 이러한 문제를 해결하기 위해 스팀 밸브를 짧게 열어 분사해줘야 한다. 너무 오래 할 필요는 없으며 건조한 스팀이 나올 때까지 해주면 된다. 주의할 점은 몸 쪽으로 분사하게 되면 화상의 위험과 함께 옷이나 주변이 지저분해질 수 있기 때문에 행주로 잡거나 머신 안쪽 배수 트레이 쪽으로 밀어서 분사해줘야 한다.

### 종료 후 스팀 완드 속 우유 제거

스티밍을 마친 후 스팀 밸브를 열어 스팀 완드 안에 들어 있는 우유를 제거한다.
에스프레소 머신 트레이 위에는 항상 스팀 완드를 닦을 수 있게 깨끗한 젖은 행주를 비치한다. 스팀 밸브를 그냥 돌려 우유를 빼내면 주위에 우유가 튈 수 있으니, 깨끗한 젖은 헝겊으로 감싸서 가볍게 밸브를 열어 우유를 제거하여야 머신 주변이 위생적으로 관리가 될 것이다.

### 종료 후 스팀 완드 표면 우유 제거

스팀 완드 속의 우유를 제거한 뒤 바로 깨끗한 젖은 헝겊으로 스팀 완드와 스팀 팁에 묻어 있는 우유를 깨끗이 닦아 낸다. 일부 커피 전문점들 중에는 우유 스티밍을 한 뒤 방치해 놓는 경우가 많이 있는데, 이는 위생에 매우 좋지 않다. 우유는 변화가 빨리 일어나는 식품이므로 항상 바로바로 닦는 습관이 매우 중요하다.

## 스팀 피쳐

스팀 피쳐 <sup>steam pitcher</sup>는 우유의 거품을 만들거나 우유를 데울 때 사용하는 전용 도구이다. 탬퍼와 함께 바리스타들이 가장 많이 사용하는 도구로 라떼 아트가 발전되면서 다양한 크기, 재질, 모양, 색상들이 개발되고 있다. 기본적인 모양은 아랫부분이 넓고 위로 갈수록 좁아지고 옆에서 볼 때 폭보다 높이가 높아야 한다.

### 크기(용량)

스팀 피쳐의 크기는 300ml, 350ml, 600ml, 750ml, 900ml, 1,000ml 외에 초대형 스팀 피쳐도 있다. 에스프레소 머신의 스팀 압력과 스팀 완드팁의 모양을 고려하고, 자신이 만들 음료 용량, 잔수에 맞게 크기를 선택하여 사용한다. 일반적으로 300ml는 한 잔용, 600ml는 두 잔용, 900ml는 서너 잔용으로 사용한다.

▲ 다양한 크기의 스팀 피쳐

### 재질

스팀 피쳐는 유리, 플라스틱, 스테인리스 재질 등이 있다. 일반적으로 스테인리스 제질을 많이 사용하는데, 스테인리스는 상대적으로 열전도율이 높아 우유의 온도를 제어하기 용이하고, 단단하여 내구성이 좋다. 요즘에는 다양한 색상과 위생을 고려한 테프론 <sup>teflon</sup> 코팅, 온도계가 부착한 제품도 판매되고 있다.

아노다이징        UV        테프론        스테인리스

▲ 다양한 코팅과 색상의 스팀 피쳐

## Chapter 07 우유 스티밍 사전 준비

### 우유의 보관과 종류 선택

여러가지 종류의 우유가 있을 수 있으나 가장 중요한 것은 4 ~ 5℃의 신선한 냉장 우유를 사용한다는 것이다. 상온에 보관된 우유를 사용할 경우 부패의 위험도 있고 더 중요한 것은 우유를 데우는 시간이 빨라져 양질의 우유 데우기가 어렵기 때문이다. 사용 환경(냉장이 안되는 경우)에 따라 멸균 우유, 고객의 요구에 의하여 저지방 우유, 유당 분해 우유를 사용할 수도 있다.

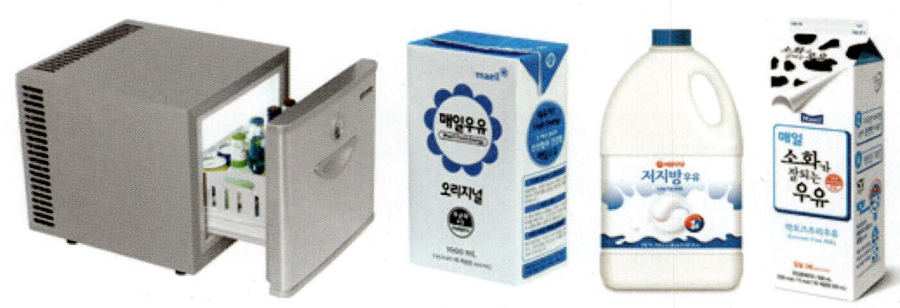

### 용량에 맞게 우유 담기

스팀 피쳐에 우유를 얼마나 담을 것인가 하는 문제는 전적으로 바리스타의 몫이다. 우유의 양이 적으면 제대로 된 메뉴를 만들 수 없고, 너무 많으면 데우기가 어렵고 낭비도 심해진다. 따라서 많은 경험과 연습을 통해 적당량을 담는 능력을 키워야 한다. 일반적으로 300㎖는 한 잔, 600㎖는 두 잔, 900㎖는 서너 잔을 만들면 좋은 우유 데우기를 할 수 있다. 저지방 우유를 사용할 때에 비하여 일반 우유는 지방이 많기에 열이 가해짐에 따라 지방과 단백질의 분리가 빨라지게 된다. 이에 상대적으로 두꺼운 피쳐를 사용하여 우유에 열이 가해지는 속도를 느리게 해 주어야 양질의 우유 데우기가 될 수 있다.

▲ 용량에 따라 스팀 피쳐의 크기를 결정

## 스팀 피쳐 보관

일부 매장들을 보면 스팀 피쳐를 에스프레소 머신 위에 올려놓고 사용하는 곳들도 있다. 이는 스팀 피쳐의 온도를 높여 우유가 빨리 데워지는 현상이 일어나 양질의 우유 데우기를 어렵게 한다. 스팀 피쳐는 서늘한 곳에 보관하거나 냉장 보관하여 사용하는 것을 권장한다.

# 우유 스티밍

우유스티밍은 스팀 완드 팁에서 고압 스팀을 이용하여 작업한다. 스팀 완드의 각도 및 담그는 깊이에 따라 고운 거품 또는 거친 거품이 나오게 된다.

되도록 스팀 완드와 우유 표면은 90°의 각도를 유지하는 것이 좋다. 에스프레소 머신의 종류에 따라 직각이 안 되는 경우가 많지만 이때는 최대한 직각으로 맞추면 된다. 너무 깊이 집어 넣으면 공기가 우유 속에 빨려 들어가지 않고, 우유의 표면에서 너무 가깝게 작업하면 거친 거품이 일어나게 된다. 그러므로 스팀 팁의 적당한 위치를 파악하고 많은 연습을 통하여 고운 거품을 낼 수 있어야 한다. 스팀 작업 시 주위에 다른 향기가 많으면 우유 속에 그 향도 빨려 들어가기 때문에 주변 공기에 대해서도 주의를 기울여야 한다.

유스티밍은 스팀 완드 팁에서 분출되는 고압 스팀을 이용하여 작업한다. 스팀 완드의 각도 및 담그는 깊이에 따라 거품의 품질 즉, 고운 거품 또는 거친 거품이 나오게 된다.

스티밍 작업 시작시 스팀 완드는 우유 표면과 90° 정도의 각도를 유지하는 것이 좋다. 에스프레소 머신의 종류에 따라 수직이 되지 않는 경우가 있는데 이때는 최대한 수직으로 맞추도록 한다. 또한 스팀 완드를 너무 깊이 우유 속에 집어넣으면 공기가 우유속으로 빨려 들어가지 않고, 반대로 표면에서 너무 가깝게 하면 거친 거품이 일어난다. 그러므로 스팀 완드의 적당한 깊이를 파악하고 많은 연습을 통하여 고운 거품을 낼 수 있어야 한다. 스티밍은 작업 주위에 다른 냄새가 있으면 우유 속에 그 냄새도 함께 빨려 들어가기 때문에 항상 주변 청결에 주의를 기울여야 한다.

스티밍 작업은 총 3단계로 분류할 수 있는데 1단계는 우유에 공기를 넣어 주고, 거품과 우유를 혼합하는 2단계로 진행된다. 마지막 3단계는 만들고져 하는 커피음료의 종류에 따라 적정한 온도에 도달하면 마무리된다. 바리스타는 시각, 청각, 후각, 촉각 등의 모든 감각을 사용하여 작업해야 한다. 그중 가장 중요한 것은 청각이다. 공기주입 단계에서는 주입되는 공기양에 따라 스티밍 소리가 달라지는데 이 소리를 파악하여 주입되는 공기양을 조절한다. 또한 거품을 혼합하고 마무리하는 단계에서도 스팀 피쳐 안에서 우유가 회전하는 속도 및 온도

변화에 따라 다양한 소리가 발생한다. 결론적으로 우유 스티밍은 소리에 의한 작업이라 할 수 있다.

## 우유 스티밍의 정의

에스프레소를 이용한 베리에이션 메뉴에 있어 우유는 주재료처럼 사용되는 재료이다. 그래서 우유를 선정할 때는 커피 원두를 선정할 때처럼 여러가지 품질 기준에 맞춰 선택하는 것이 좋다. 에스프레소 메뉴에 있어서 우유의 핵심은 스티밍 steaming 이다. 스티밍한 우유는 아주 미세한 거품을 가지고 있는데, 거품이 눈에 보일 정도라든가, 과열된 상태일 경우 질감이 떨어지게 된다. 스티밍을 하는 모든 과정에 있어 파악해야 할 세 가지 요소는 다음과 같다.

### 시각: 스팀 팁의 위치

스팀 팁이 우유 표면에서 1cm 이상 깊게 들어가지 않도록 우유에 담근 상태에서 스팀을 틀어 스티밍을 시작한다. 공기주입 시에는 피쳐의 좌 · 우측 외곽 쪽에서 우유의표면 가까이에 스팀 팁이 위치하게 하는 것이 좋고, 혼합 · 안정화 과정에서는 같은 위치에서 1cm 정도를 더 담가 공기주입을 조절하여 급격한 회전으로 인해 우유가 넘치는 현상을 막을 수 있도록 위치를 조정해야 한다.

### 청각: 공기주입

스티밍을 할 때 공기주입을 하는 시간과 그 양에 따라 거품의 두께는 변하게 된다. 공기주입을 많이 할수록 거품이 두꺼워지고, 공기가 많이 들어가게 됨에 따라 점성을 갖게 되어 끈끈해 보이는 느낌을 받게 된다. 또 공기주입 시 스팀 팁의 위치가 거품의 크기와 질을 결정할 수 있기 때문에 공기주입 시 스팀 팁을 1cm 미만으로 우유에 담근 상태에서 노즐과 우유의 표면이 거의 맞닿게 하여 거품이 생성되는 과정을 눈과 귀로 직접 판단하여 적절한 거품의 상태를 조절할 수 있어야 한다. 스팀 팁과 우유의 표면이 멀어질수록 거품이 커지고 가까울수록 거품이 작아지는데, 피쳐가 많이 움직이면 거품이 불안정하게 형성되므로 주의해야 한다.

### 온도: 혼합과 안정화

혼합과 안정화 과정은 데워지는 우유와 거품을 혼합시킴과 동시에 불안정한 상태의 거품을 안정된 상태로 만들어 주는 과정으로, 이 과정에서 곱고 균일한 상태의 스팀밀크를 얻을 수 있다. 또 우유가 회전하면서 우유와 우유거품이 분리되는 것도 지연시킬 수 있다. 효과적으

로 회전시키기 위해서는 우유의 표면이 반들반들할 정도가 됨과 동시에 거품이 새로 만들어 지거나 우유가 튀지 않을 정도의 빠른 속도를 유지하는것이 좋고, 이런 속도를 유지하면서 안정화를 시킬 때 피쳐에 손을 붙였다 뗐다를 반복하며 온도를 확인하여야 한다. 약 3초 이상 손을 댈 수 없을 정도일 때 스팀을 꺼주면 되는데, 이때의 온도는 55~70℃ 정도이다.

## 우유 스티밍 개념

| 사전 준비 | → | 우유 스티밍 | → | 우유 안정화 | → | 따르기 |
|---|---|---|---|---|---|---|
| 준비 | | 스티밍 단계 | | 품질향상 | | 음료조리 |

▲ 우유 준비에서 음료까지의 작업순서

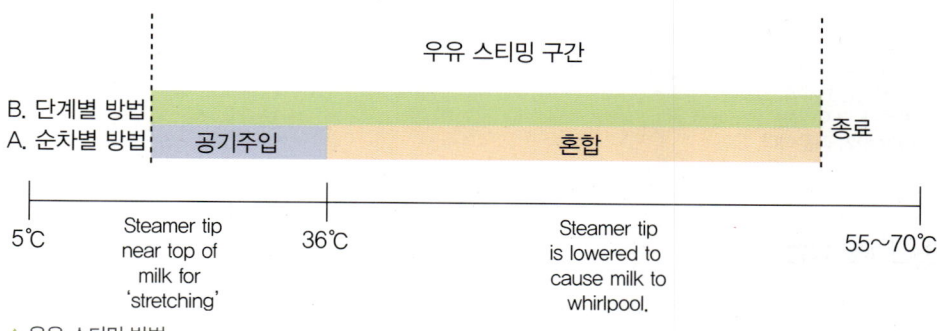

우유 스티밍 구간

B. 단계별 방법
A. 순차별 방법 | 공기주입 | 혼합 | 종료

5℃　　Steamer tip near top of milk for 'stretching'　　36℃　　Steamer tip is lowered to cause milk to whirlpool.　　55~70℃

▲ 우유 스티밍 방법

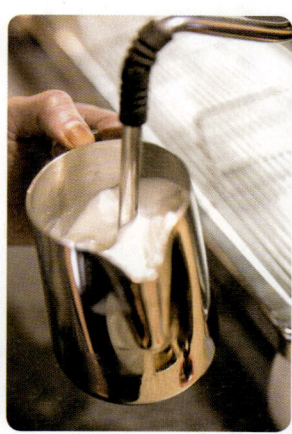

## 우유 스티밍 방법

### A. 순차별 방법

공기주입과 혼합 작업을 순차적으로 시행하는 방법으로 공기주입 단계에서 원하는 만큼의 공기를 적절하게 주입하기가 용이하다.

 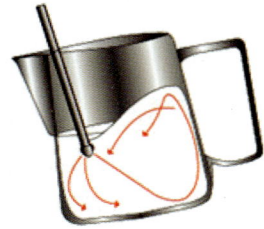 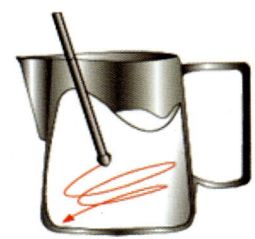

#### ① 공기주입 단계

공기주입은 36~38℃ 정도에서 끝내게 된다. 단백질은 불안정한 물질로 열에 매우 약하여 40℃ 이상에서는 성질이 변해 버리게 되기 때문이다. 일단 변성이 되면 원래의 형태로는 복구가 불가능하게 되므로 단백질의 변화가 크지 않는 온도에서 끝내야 하기 때문이다.

#### ② 거품 혼합 단계

공기주입으로 팽창된 우유는 가벼워져 스팀 피쳐의 위쪽에 쌓이게 된다. 이러한 우유거품을 전체 우유와 골고루 섞어 전체적인 우유의 밀도를 같게 만들어 주는 작업을 말한다.

#### ③ 마무리 단계

지속적으로 혼합 작업을 하는 동안 우유의 온도는 상승하게 된다. 75℃가 넘게 되면 지방이 응고되고 거품과 우유가 다시 분리되면서 끊어 버리게 된다. 항상 55~70℃ 정도의 적절한 온도로 마무리하는 것이 매우 중요하다.

### B. 단계별 방법

공기주입과 혼합을 동시에 시행하는 방법으로 아주 미세한 거품을 생성시키는데 좋은 방법이다.

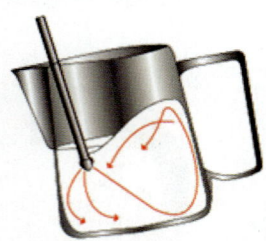 

#### ① 거품 혼합 단계

공기주입으로 팽창된 우유는 가벼워져 스팀 피쳐의 위쪽에 쌓이게 된다. 이러한 우유거품을 전체 우유와 골고루 섞어 전체적인 우유의 밀도를 같게 만들어 주는 작업을 말한다.

#### ② 마무리 단계

지속적으로 혼합 작업을 하는 동안 우유의 온도는 상승하게 된다. 75℃가 넘게 되면 지방이 응고되고 거품과 우유가 다시 분리되면서 끊어 버리게 된다. 항상 55~70℃ 정도의 적절한 온도로 마무리하는 것이 매우 중요하다.

## 우유 스티밍 안정화

커피 메뉴에 따라 우유거품의 상태를 조절하고 스티밍 과정에서 약간의 실수를 보안해주는 작업이다. 기술이 뛰어난 바리스타라 하더라도 약간의 큰 거품이 존재하게 된다. 이러한 공기방울을 제거하는데 필요한 기술이라 할 수 있다.

**충격법**

시작. 스티밍이 끝나고 잠시 놓아두면 큰 거품이 위쪽으로 올라오게 된다.

1. 바닥에 스팀 피쳐를 2~3회 "탁탁" 때려주면 우유 상부의 거품이 터진다.

2. 피쳐를 강하게 스팀 피쳐 상부까지 우유가 올라오도록 깊게 돌려 섞어준다.

3. 1번 보다는 약하게 2~3회 "톡톡" 때려주면 미세한 우유거품이 터진다.

4. 2번 보다는 약하게 돌려 완성한다.

* 1.3번 작업을 과도하게 하면 우유거품과 우유가 분리될 수 있다.

* 2.4번 작업을 과도하게 하면 우유가 너무 미세해져 맛이 텁텁해질 수 있다.

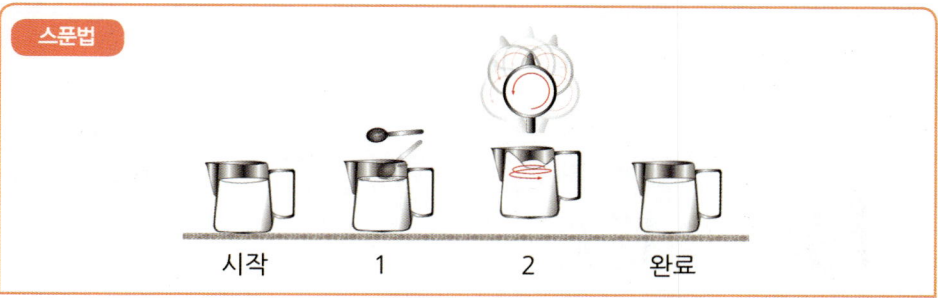

**스푼법**

시작. 스티밍이 끝나고 잠시 놓아두면 큰 거품이 위쪽으로 올라오게 된다.

1. 윗부분의 큰 거품을 가장자리 중심으로 스푼을 이용하여 걷어낸다.

2. 피쳐를 들어 강하게 스팀 피쳐 상부까지 우유가 올라오도록 돌려 섞어준다.

* 2번 작업을 과도하게 하면 우유가 너무 미세해져 맛이 텁텁해질 수 있다.

# 우유 스티밍 분배법

## 보조피쳐를 이용한 우유 분배법

우유거품의 분배는 한잔의 카푸치노를 만들 때엔 발생되지 않는 문제이지만 같은 2잔을 동시에 만들 때엔 매우 중요한 기술이다. 완벽한 우유스팀을 하더라도 윗부분과 아랫부분의 약간의 우유밀도 차이가 발생한다. 이러한 우유거품을 한잔 한잔씩 바로 따르게 되면 거품양의 차이가 발생할 수 있어 분배하여 나누는 방법을 사용하게 된다. 일반적으로 많이 사용하는 두 가지 방법이다.

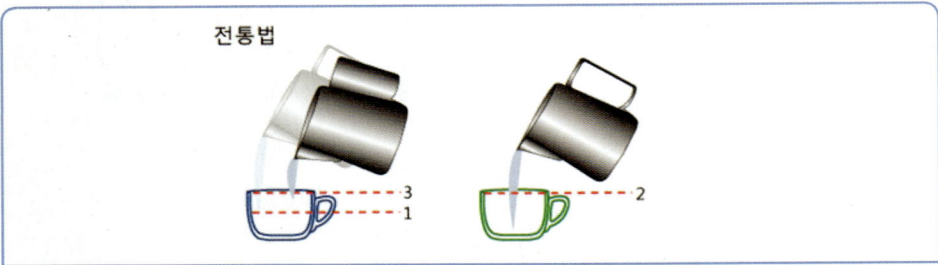

**전통법**
1. 첫 번째 잔에 스팀우유를 반 정도만 따른다.
2. 두 번째 잔에 스팀우유를 완전히 따른다.
3. 첫 번째 잔에 나머지 스팀우유를 따른다.

**라떼 아트법**
1. 보조피쳐에 적당한 우유거품을 따라 놓는다.
2. 첫 번째 잔에 스팀우유를 따른다.
3. 보조피쳐에 따라 놓은 우유거품을 따르는 피쳐에 옮겨 담는다.
4. 두 번째 잔에 스팀우유를 따라서 2잔을 완성한다.

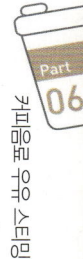

# 우유 스티밍 실전

**1.** 제조하려는 음료에 맞는 적당한 크기의 차가운 스팀 피쳐를 선택하여 알맞은 양의 냉장 우유를 넣는다.

**2.** 스팀 밸브를 열어 스팀 완드에 남아 있는 물을 제거한다.

**3.** 스팀 완드를 스팀 피쳐에 담겨 있는 우유의 한가운데에 위치한다.

  (1) 스팀 완드는 스팀 피쳐 안 우유의 중앙에 위치하여 넣는데, 이때 스팀 팁의 팁 부분(스팀 완드)이 완전히 잠긴 상태이어야 한다.

  (2) 스팀 완드를 너무 깊이 집어넣으면 스팀 피쳐의 온도를 빨리 상승시켜 우유 온도도 빨리 올라가기 때문에 스팀 완드가 잠길 정도로 집어넣는 것이 중요하다(우유 표면 밑 1~2cm 깊이).

**4.** 스팀 완드를 직각으로 세운다.

우유 표면과 스팀 완드의 각도는 되도록 직각을 이루는 것이 좋다. 그 이유는 노즐 구멍에서 나오는 스팀의 세기는 똑같기 때문에 비스듬하

게 하거나 중앙이 아닌 한쪽으로 치우쳐 사용하게 되면 우유가 골고루 데워지지 않고 스팀 피쳐의 벽면에 스팀이 닿을 수 있으며, 이로 인해 스팀이 우유를 데우는 것보다 스팀 피쳐를 가열하게 되어 우유가 빨리 데워지기 때문이다.

**5**. 스팀 밸브를 열어 가열을 시작한다.

(1) 가열 시 우유의 온도

적당한 온도라 함은 정확한 기준은 없으나, 통상 55℃에서 70℃까지 온도를 높여 사용한다. 이를 넘어 과도하게 온도를 높일 경우, 우유의 피막 현상 및 영양소의 파괴, 비릿한 냄새 등이 발생하게 된다. 스티밍 시 피쳐 바닥이 아닌 피쳐 벽에 손을 대어 감으로 온도를 잴 수 있을 때까지 연습해야 하고, 그 전까지는 온도계를 이용하여 체크하는 것도 한 방법이다.

55℃에서 70℃ 사이에 우유 데우기를 완성하는 것이 바로 음용하기에 좋으나 음료 서빙의 시간이 걸리는 매장이거나, 추운 겨울 손님의 취향을 반영하여 조금 더 온도를 높이는 것은 바리스타의 재량이다.

(2) 가열 시 스팀 피쳐를 잡는 방법

한 손은 스팀 피쳐의 손잡이를 잡고, 나머지 한 손은 스팀 피쳐의 바닥이 아닌 스팀 피쳐의 옆면에 위치하여 온도를 감지한다. 숙달되기 전까지는 온도계를 이용한다. 간혹 한 손을 스팀 손잡이나 레버를 쥐고 있는 경우가 있으나, 불필요한 행위이다.

**6**. 55℃에서 70℃ 사이의 원하는 온도가 되면 스팀 손잡이를 오른쪽으로 돌려 스팀을 마무리한다.

**7**. 우유 데우기를 마친 즉시 스팀 손잡이를 다시 왼쪽으로 돌려 스팀 완드에 남아 있는 우유를 제거한다.

매번 우유 데우기를 마치면 스팀 밸브를 열어 스팀 팁 안에 차 있는 빨려 올라간 우유(밸브를 잠그면 기압차로 인해 우유가 스팀 완드 안으로 빨려 올라감)와 잔여물을 빼 주어야 한다. 이는 위생과 관련이 있으며 에스프레소 머신의 수명과도 관련이 있다. 이때 반드시 트레이 방향으로 파이프를 돌리고 행주로 감싸야 한다. 행주로 감싸지 않으면 잔여 우유가 튀어서 에스프레소 머신 주위가 지저분해지고 위생상 좋지 않기 때문이다.

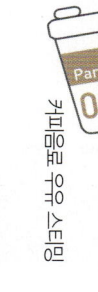

8. 스팀 완드와 스팀 팁에 묻어 있는 우유를 깨끗한 헝겊으로 닦아 마무리한다. 스티밍용 행주를 항상 구비하여 스티밍 전후 반드시 스팀 완드에 묻어 있는 우유를 닦아서 위생적으로 작업하여야 한다.

9. 음료 제조 후 스팀 피쳐 보관하기
음료 제조 후 스팀 피쳐 안에 남아 있는 잔여 우유를 깨끗이 씻어서 차갑게 보관해야 하고, 우유가 남아 있거나 따뜻한 상태의 스팀 피쳐를 다시 사용하는 일이 없어야 한다. 이는 위생상의 문제도 있지만, 음료의 품질을 저하시키는 요인이기 때문이다.

10. 보조피쳐 사용
큰 스팀 피쳐를 사용하여 우유 데우기를 하였을 경우 보조피쳐를 사용해 나누어 사용함으로써 균일한 음료의 맛을 추구하는 경우가 있다. 이때 사용하는 보조피쳐는 반드시 뜨거운 물로 데워 사용해야 한다. 차가운 보조피쳐를 사용하면 우유의 온도가 떨어질 수 있기 때문이다.

11. 우유 데우기의 트렌드
우유 데우기에 있어서 일반적으로 거품 없이 데우는 방법이 전통적이나, 최근엔 약간의 거품을 생성시킨 후 전체적으로 섞어서 음료의 베이스로 사용하는 곳들도 있다.

# 차가운 우유거품 실전

## 차가운 우유거품 만드는 도구

프렌치 프레스

자동우유거품기

전동거품기

셰이커

## 프렌치 프레스와 우유거품기를 이용하여 우유거품 만들기

1. 적당량의 우유를 프렌치 프레스 거품기 안에 넣는다.

2. 손잡이를 잡고 위, 아래로 뻑뻑한 느낌이 올 때까지 왕복하여 우유에 거품을 만든다.

3. 프렌치 프레스의 미세한 공기 구멍들 사이의 공기가 우유에 들어가면서 매우 조밀한 우유거품이 만들어지게 된다.

## 전동거품기를 이용하여 우유거품 만들기

1. 적당량의 우유를 스팀 피쳐 또는 용기 안에 붓고 전동거품기를 넣는다.

2. 전동거품기의 전원을 눌러 회전력을 느끼며 위, 아래로 움직여 공기를 주입하여 고운 거품을 만들어 낸다.

3. 별도의 용기나 음료에 따라 준다.

## 셰이커를 이용하여 우유거품 만들기

1. 적당량의 우유를 셰이커 바디에 따른다.

2. 셰이커 바디에 스트레이너와 캡을 닫는다.

3. 별도의 용기나 음료에 따라 준다.

artisée

www.cafeartisee.com

**Chapter 11**

## 라떼 아트

라떼<sup>Latte</sup>란 이탈리아어로 우유<sup>milk</sup>를 지칭하는 것이며, 아트<sup>art</sup>는 미적 작품을 형성시키는 인간의 창조 활동을 말한다. 결론적으로 라떼 아트의 의미는 "우유로 만드는 바리스타의 예술적 작품 창조"라고 해석할 수 있다.

한국에 에스프레소가 도입된 시기에는 정확한 에스프레소의 맛과 품질을 중요하지 않게 여긴 게 사실이다. 이러한 이유는 당시만 해도 에스프레소는 단순히 커피음료를 만드는 여러 재료 중 한가지로만 여겨왔다. 하지만 에스프레소 커피가 일반인들 에게까지 널리 알려지면서 대형 프랜차이즈가 아닌 개인 커피점들이 점차 생겨나면서 에스프레소의 중요성이 점점 확산되어 가고 있다. 또한 확대되는 에스프레소 커피시장과 더불어 바리스타<sup>Barista</sup>의 직업적인 인식과 함께 에스프레소 추출 기술도 날이 갈수록 향상 되었다. 이제는 에스프레소 커피 한잔의 의미가 바리스타의 예술적 표현으로 대변되는 시대가 된 것이다. 국내에는 다양한 형태로 에스프레소 커피와 접목된 샵<sup>shop</sup>이 하루가 다르게 생겨나고 있으며, 커피음료가 다양해지고 복잡해질수록 이곳에서 일하는 바리스타는 자신의 색깔을 쉽게 표현하지 못하게 되었다. 이러한 이유로 바리스타들은 자신의 커피 기술을 짧은 시간에 고객에게 어필하는데 많은 노력과 시간을 투자하게 되었으며, 그 대표적인 음료가 바로 에스프레소 커피에 디자인을 접목시킨 "라떼 아트"<sup>latte art</sup>인 것이다.

### 라떼 아트(latte art)란 무엇인가?

라떼는 우유, 아트는 예술을 뜻한다. 간단히 말해 커피의 심장인 에스프레소 커피에 부드럽고 크리미한 우유와의 만남을 예술로 표현한 작품이라고 할 수 있다. 바리스타의 추출 동작의 기술적인 면과 함께 라떼 아트로 시각적인 즐거움을 고객들에게 제공할 수 있고, 바리스타만의 예술적인 작품을 창조하는 행위이기도 하다.

## 바리스타와 라떼 아트

카푸치노만큼 바리스타의 실력과 기술을 확실하게 표현해 주는 커피음료는 없을것이다. 여러가지 재료가 첨가되는 마키아토와 카페 모카와 같은 음료들은 커피의 고유한 맛 보다는 달콤하고 부드러운 초콜릿 맛이 강하기 때문에 어느 커피전문점에서든 비슷한 맛을 내는 음료이기 때문이 다. 하지만 카푸치노는 다르다. 단지 에스프레소와 우유라 는 두 가지 재료로 바리스타의 실력에 따라 엄청난 맛의 차

이를 쉽게 느낄 수 있기 때문이다. 또 하나의 중요한 요소인 스팀한 벨벳 우유<sup>Velvet-Milk</sup>의 품질 에 따라 느낌과 풍미가 달라진다는 것이다. 스팀 우유를 미국 등지에서는 폼 밀크<sup>Foam Milk</sup>나 마이크로 버블이란 표현을 사용하는데 같은 의미로 생각하면 된다. 결론적으로 에스프레소 의 크레마와 벨벳과 같은 우유거품이 결합되면서 형성되는 단색의 조화로운 무늬는 또 하나 의 발전된 메뉴로 탄생되면서 소비자의 시각을 자극하기 때문이다.

## 카푸치노와 라떼 아트

디자인 카푸치노와 라떼 아트를 같은 음료로 보는 견해가 많다. 엄밀히 따지면 같은 레시피를 통해서 만들어는 커피 이기 때문에 같은 음료로 생각해도 크게 문제가 되지는 않 겠지만 이탈리아 커피의 특징을 보자면 조금의 레시피 차 이에 의해 완전히 다른 메뉴로 불려진다. 이러한 차이를 두 고 해석한다면 디자인 카푸치노와 라떼 아트는 다른 영역

으로 해석하는 것도 틀리지 않는 것 같다. 굳이 에스프레소와 우유, 거품으로 이루어지는 메 뉴를 총칭하여 카푸치노라 불리지만 여기에 디자인이라는 요소를 넣으면 다른 메뉴로 분류 해도 큰 문제가 되지 않는다.

## 라떼 아트의 발전

이탈리아에서 나뭇잎을 시초로 로제따 아트 <sup>Rosetta Art</sup>라 처음 불려지게 되었으며, 디자인이 점점 발전되면서 다양한 형태와 이름이 만들어지게 되었다. 이러한 디자인은 미국 시애틀을 중심으로 발전되어져 나갔고 다양한 형태의 나뭇잎, 하트, 사과, 튤잎 등이 만들어지게 되었으며, 일본으로 전파된 라떼 아트는 고양이, 강아지 등 만화 캐릭터 등을 그리는 것으로 발전되었다. 덴마크의 월드 바리스타 챔피언 '프리지 스톰'은 초콜릿 시럽과 송곳을 이용하여 꽃, 타지마하 등의 디자인을 개발하면서 더욱 응용된 디자인이 속속 등장되고 있다. 이러한 디자인과 기술의 발전은 크게 커피 산업에 많은 영향과 발전에 일익을 담당하고 있으며, 바리스타는 물론 일반 커피애호가들의 눈과 입을 즐겁게 하면서 또 하나의 사회적 문화 트렌드로 자리매김되었다.

### 라떼 아트의 역사

라떼 아트는 바리스타들이 커피에 우유를 혼합하던 과정에서 우연히 생겼다. 이탈리아에서 로제타 형태로 시작되어 미국을 통해 다양한 그림으로 널리 전파되었고, 커피의 미각적 · 후각적 매력 외에 시각적인 것이 더해져 눈과 입을 즐겁게 하고 있다. 일본에서 고양이, 강아지 등과 같은 다양한 모양의 캐릭터 아트(에칭 아트)로 발전되면서 우리나라에 보급되기 시작하였고, 급속히 발전하면서 지금에 이르게 되었다.

## 라떼 아트의 표현 방법

### 푸어링 방법 (바로 붓기)

스티밍이 완료되면 별도의 도구를 사용하지 않고 직접 잔에 따르면서 스팀우유의 움직임만으로 디자인하는 기술이다. 라떼 아트의 최고의 기술로 바리스타의 집중력과 아주 섬세한 움직임이 필요한 기술이다. 바리스타가 피쳐의 각도와 잔의 각도, 타이밍, 붓는 기술을 통해 피쳐의 흔들림을 이용하여 스팀 밀크를 잔에 직접 바로 붓기를 하면서 원하는 모양을 만들어 낸다. 대표적으로 하트나 로제타 등이 있다.

### 에칭 방법

에칭은 도구를 이용해 선을 표현하는 미술 기법을 응용한 방법이다. 라떼 아트에서 에칭 방법은 크레마 위에 우유거품이나 초코 소스 등을 이용해 밑그림을 그린 후 도구를 이용하여 선을 그려 완성하는 작업이다. 스텐실 등의 도구와 파우더를 활용해서 매장의 로고나 이름 등을 커피 위에 올릴 수도 있고, 다양한 도구와 재료를 활용해 개성을 표현할 수 있는 기법이기도 하다.

### 소스를 활용한 에칭 방법

초콜릿 소스나 캐러멜 소스 등과 같은 부재료는 카페 모카나 캐러멜 마키아토 등의 베리에이션 메뉴에 드리즐로써 사용되기도 하지만, 라떼 아트를 더 색다르고 화려하게 표현하기 위해 크레마와 우유거품 위에 그려져 에칭 기법을 통해 다양한 그림을 그리는 데 사용되기도 한다. 특히 초콜릿 소스는 크레마, 우유거품의 색과 확연히 차이가 나서 많이 사용되는 부재료이다.

## 스케칭 방법

송곳이나 핀을 이용하여 기본적인 밑그림에 우유가 푸어링된 상태에서 크레마를 송곳이나 핀으로 찍어가며 글씨나 캐릭터를 그리는 기술이다. 더욱 선명한 디자인을 위하여 설탕이 첨가되지 않은 초콜릿 파우더를 뿌려 작업하는 것이 통상적이다.

## 캐릭터 아트 방법

캐릭터 아트는 곰, 토끼 등의 동물 캐릭터 혹은 사람이나 꽃 등을 그리는 방법이다. 바로 붓기와 에칭을 동시에 사용하는 방법이기도 하다. 섬세한 바리스타의 기술이 요구되는 방법이다.

### 라떼 아트의 3요소

#### 1. 크레마
에스프레소 머신으로 가압하여 커피를 인퓨징하고 추출되는 과정에서 생성되는 황금색 커피 거품을 크레마라고 한다. 라떼 아트를 만들 때 가장 중요한 요소이다. 종이에 그림을 그리듯이 크레마 상태에 따라 원하는 디자인을 얻을 수 있다. 크레마의 상태가 좋지 않으면 우유거품이 크레마와 유기적으로 작용하지 못하고 섞이면서 디자인 형성을 방해한다. 때문에 항상 크레마가 최적의 상태로 추출되도록 신경을 써야 한다.

#### 2. 벨벳밀크
우유거품은 크레마 위에 모양을 그려주는 펜과 같은 역할을 하며 디자인 형성에 매우 중요한 역할을 한다. 미세하고 광택있는 벨벳밀크는 디자인을 더욱 선명하게 만들어주며, 시럽을 첨가하지 않아도 고소함과 부드러운 단맛을 느끼게 해준다. 적당한 온도(55~70℃ 정도)와 부드러운 거품을 내는 것도 바리스타로서 잊지 말아야 할 부분이다.

#### 3.바리스타의 기술
바리스타는 고객이 시각적으로 먼저 즐거움을 느낄 수 있는 라떼 아트를 위해 정확한 원리와 방법, 그리고 반복 학습으로 자신만의 미적 영역의 스킬 향상을 위해 끊임없이 노력해야 한다. 커피의 맛은 물론이고 크레마, 벨벳밀크를 만드는 과정에서 하나라도 소홀함이 없도록 노력해야 한다.

## 라떼 아트의 조건

완벽한 라떼 아트를 만들기 위한 요소는 크게 3가지로 요약할 수 있다. 첫번째 크레마가 풍부한 에스프레소, 두번째 벨벳과 같은 스팀우유, 세번째는 바리스타의 기술이라 할 수 있을 것이다. 이 세 가지의 요소가 충족될 때 완벽한 라떼 아트가 만들어진다. 라떼 아트를 하기 위해서 바리스타는 사용하는 커피원두, 우유, 머신의 특징과 사용하는 기구, 기물의 특징을 먼저 하나하나 섬세하게 파악을 해야 할 것이다. 예를 들어 원두의 종류, 우유의 지방과 단백질 함량, 에스프레소 머신의 스팀 완드와 팁의 형태, 잔의 모양과 크기, 스팀 피쳐 모양 등 단순하지만 이러한 사항을 고려하고 연습한다면 실수와 문제점을 줄일 수 있다.

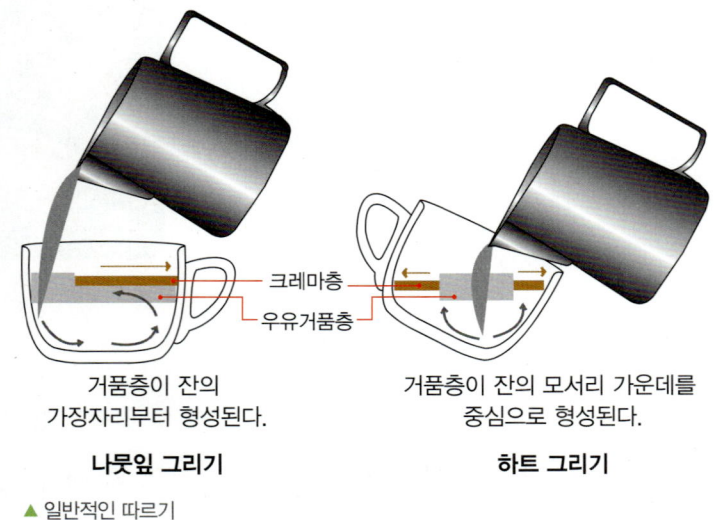

| 크레마층 |
| 우유거품층 |

| 거품층이 잔의<br>가장자리부터 형성된다. | 거품층이 잔의 모서리 가운데를<br>중심으로 형성된다. |
| **나뭇잎 그리기** | **하트 그리기** |

▲ 일반적인 따르기

## 라떼 아트 원리

### 잔 형태에 따른 따르기 변화

전통 유럽식 잔 형태는 안쪽 바닥이 둥글고 위로 갈수록 넓어지는 형태를 지니고 있으며 테이크아웃 형태의 숍에서는 아래가 각이 져있는 머그잔이나 종이컵을 많이 사용한다. 초기의 전통적인 라떼 아트는 잔 형태와 모양을 이용하여 잔 안쪽 벽을 타고 내려가면서 발생되는 유속에 의해 무늬를 만들어내는 방법을 많이 사용하였는데 잔의 형태가 다양화되면서 라떼 아트 방법도 많은 기술 변화를 가져오게 되었다. 이러한 잔 형태는 라떼 아트를 형성하는데 중요한 크레마와 두께의 많은 변화를 주기 때문에 바리스타 자신이 사용하는 잔 모양를 꼭 확인하고 라떼 아트를 실행해야 원하는 스타일과 모양을 만들 수 있는 것이다.

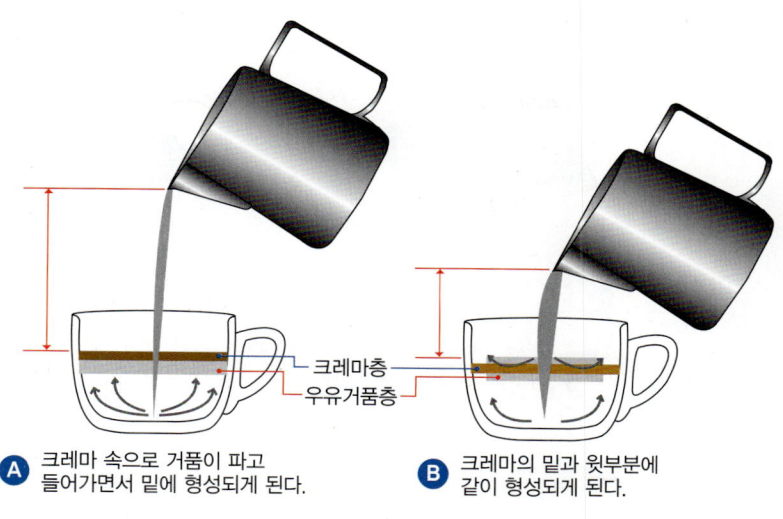

크레마층
우유거품층

Ⓐ 크레마 속으로 거품이 파고
들어가면서 밑에 형성되게 된다.

Ⓑ 크레마의 밑과 윗부분에
같이 형성되게 된다.

▲ [그림.가] 피쳐의 높이에 따른 거품층 생성 변화

나뭇잎 그리기를 살펴보면 잔의 안쪽에 우유를 따르기 시작하면 일정양의 거품은 크레마의 아래로 일부는 크레마의 윗부분에 형성되면서 크레마가 움직이며 거품층이 형성된다. 화살표를 살펴보면 잔의 안쪽 벽을 타고 움직임이 일어나면 스팀 피쳐를 좌우로 흔들면서 굴곡모양을 만들어 나뭇잎 모양을 형성시킨다. 다음으로 하트를 살펴보면 잔의 한쪽 모서리가 우유를 따르는 스팀 피쳐의 모서리 중앙에 오게 하여 따르게 된다. 이때 거품층은 따르는 줄기의 중심에 형성되면서 하얀 원모양을 형성하는 것이다. 하지만 위의 두 가지 모두 단점을 가지고 있다. 가장 큰 문제점은 잔의 형태가 달라지면 만들기가 쉽지 않다는 것이다. 특정한 잔에 특정한 모양만 만들어 낼 수 있다는 것이다.

## 스팀 우유를 따르는 높이와 유속

위 그림에서 빨간색 부분의 높이를 살펴보면, A는 높은 위치에서 B는 낮은 위치에서 잔에 스팀 우유를 따르는 장면인데 잔속에 갈색 부분은 크레마이다. 이때 나타나는 현상을 살펴보면 높은 위치에서 스팀 우유를 따르면 크레마의 위쪽이 아닌 아래쪽에 거품층이 형성되는 것을 볼 수 있다. B에는 크레마를 중심으로 아래쪽과 위쪽이 동시에 거품층이 형성되는 것을 볼수 있다. 이는 따르는 높이에 의해 떨어지는 유속이 빨라지면 크레마층을 뚫고 거품이 아래에 쌓인다는 것을 알 수 있다. 이것은 단지 유속에 대한 부분만을 설명한 것으로 이러한 형태가 만들어지는 것이 단지 스팀 우유의 유속에서만은 아니다.

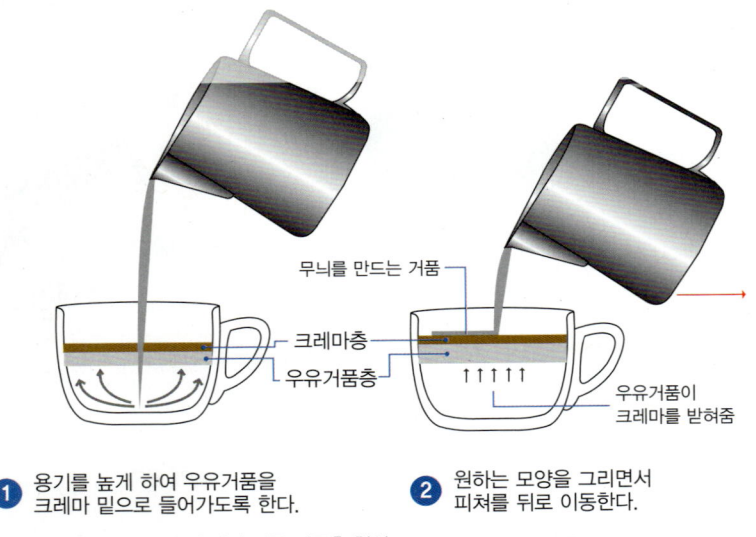

무늬를 만드는 거품

크레마층

우유거품층

우유거품이
크레마를 받혀줌

① 용기를 높게 하여 우유거품을
크레마 밑으로 들어가도록 한다.

② 원하는 모양을 그리면서
피쳐를 뒤로 이동한다.

▲ [그림.나] 따르는 우유의 양에 따른 거품층 형성

또 다른 하나의 중요한 요인으로는 스팀 우유를 따르는 양이다. 따르는 양이 많으면 떨어지는 스팀 우유 줄기가 두꺼워 지면서 크레마위의 층에 거품이 형성되게 된다. 낮아지면 그 반대의 현상이 발생한다.

결론적으로 라떼 아트의 중요한 포인트는 따르는 속도와 양, 높이가 적절한 상태에서 유지할 때 원하는 형태의 우유거품과 크레마 모양이 형성된다는 것이다. 이러한 기술을 사용하게 되면 아무리 깊은 형태의 잔이라도 항상 같은 기법으로 같은 형태의 아트를 만들어 낼 수 있는 것이다. 또한 다양한 응용 모양, 예를 들면 한잔에 두개의 나뭇잎, 두개의 하트 등 두 가지 이상의 형태의 라떼 아트를 만들어 낼 수 있게 된다.

# 푸어링 기법
## Pouring Art

스티밍이 완료되면 별도의 도구를 사용하지 않고 직접 잔에 따르면서 스팀우유의 움직임만으로 디자인하는 기술이다. 라떼 아트의 최고의 기술로 바리스타의 집중력과 아주 섬세한 움직임이 필요한 기술이다. 바리스타가 피쳐의 각도와 잔의 각도, 타이밍. 붓는 기술을 통해 피쳐의 흔들림을 이용하여 스팀 밀크를 잔에 직접 바로 붓기를 하면서 원하는 모양을 만들어 낸다. 대표적으로 하트나 로제타 등이 있다.

# 나뭇잎

## Rosetta

## Recipe

1 잔 앞쪽 지점에 스팀밀크를 따른다.
2 반 정도 채워지면 피쳐를 S자형으로 흔들기 시작한다.
3, 4 2~3회 정도 제자리에서 흔들면 무늬가 형성되기 시작한다.
5 무늬가 형성되면 피쳐를 흔들면서 뒤쪽으로 이동한다.
6~8 피쳐를 높이 들어 스팀우유의 물줄기 양을 줄여준 후 중심에 선을 그어준다.
9 잔 끝까지 이동하여 마무리 완성한다.

## Menu Tip

나뭇잎 라떼 아트는 바리스타의 기술적 자존심이라 할 수 있다. 손목, 어깨와 팔의 위치, 피쳐 높이, 스팀밀크 품질과 양 등 모든 것을 조절할 수 있을 때만이 완벽한 모양을 그려낼 수 있다.

# 하트

# Heart

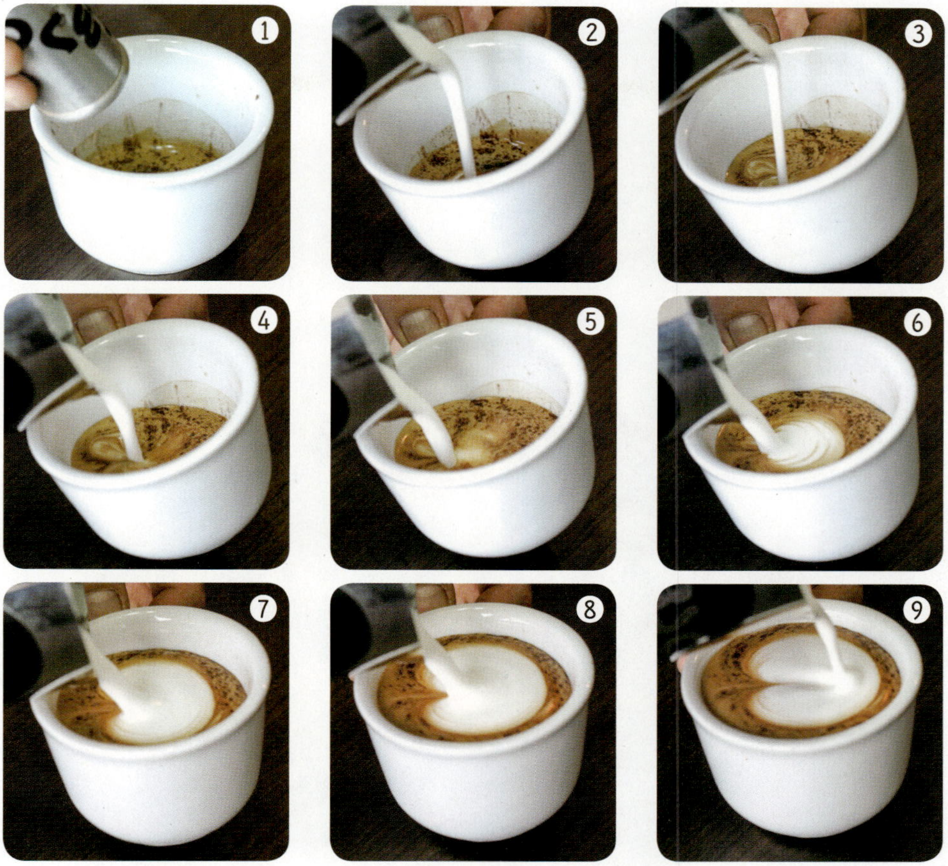

## Recipe

❶ 진한 색상을 내기 위해 코코아 파우더를 뿌려준다.
❷~❹ 잔을 살짝 기울여 뒷부분 앞쪽 지점에 스팀밀크를 따른다.
❺ 1/3 정도 채워지면 피쳐를 S자형으로 흔들기 시작한다.
❻~❽ 원형의 무늬가 형성되면 약간씩 앞쪽으로 전진하면서 계속 따른다.
❾ 피쳐를 높이 들어 스팀우유의 물줄기 양을 줄여준 후 중심에 선을 그어준다.

# 작업의 정석
# Art of Seduction

www.educafe9.com

커피응용 우유 스티밍

Part 06

## Recipe

**1,2** 잔을 기울여 오른쪽 앞쪽 지점에 스팀밀크를 따른다.

**3** 1/3 정도 채워지면 피쳐를 S자형으로 흔들기 시작한다.

**4** 2~3회 정도 제자리에서 흔들면 무늬가 형성되기 시작한다.

**5,6** 무늬가 형성되면 피쳐를 흔들면서 뒤쪽으로 이동한다.

**7,8** 스팀밀크를 왼쪽으로 이동시켜 S자형으로 흔들면서 원을 그려준다.

**9** 피쳐를 높이 들어 스팀우유의 물줄기 양을 줄여준 후 중심에 선을 그어준다.

# 튤립

## Tulip

## Recipe

❶ 잔 앞쪽 지점에 스팀밀크를 따른다.
❷ 우유가 채워지면 피쳐를 S자형으로 흔들기 시작한다.
❸,❹ 2~3회 정도 제자리에서 흔들면 무늬가 형성되기 시작한다.
❺ 무늬가 형성되면 피쳐를 흔들면서 가운데에서 앞쪽으로 약간 밀어준 후 멈춘다.
❻ 다시 뒤쪽에 피쳐를 S자형으로 흔들면서 따른다.
❼,❽ 원형의 무늬가 형성되면 약간씩 앞쪽으로 전진하면서 계속 따른다.
❾ 피쳐를 높이 들어 스팀우유의 물줄기 양을 줄여준 후 중심에 선을 그어준다.

# 에칭 기법
## Etching Art

에칭은 도구를 이용해 선을 표현하는 미술 기법을 응용한 방법이다. 라떼 아트에서 에칭 방법은 크레마 위에 우유거품이나 초코 소스 등을 이용해 밑그림을 그린 후 도구를 이용하여 선을 그려 완성하는 작업이다. 스텐실 등의 도구와 파우더를 활용해서 매장의 로고나 이름 등을 커피 위에 올릴 수도 있고, 다양한 도구와 재료를 활용해 개성을 표현할 수 있는 기법이기도 하다.

# 토끼

## Rabbit

## Recipe

❶ 잔을 살짝 기울여 뒷부분 앞쪽 지점에 스팀밀크를 따른다.

❷ 1/3 정도 채워지면 피쳐를 S자형으로 흔들기 시작한다.

❸ 원형의 무늬가 형성되면 앞쪽으로 전진하면서 계속 따른다.

❹ 귀와 얼굴을 완성한다.

❺~❾ 잔을 돌려 크레마를 송곳으로 찍어 얼굴을 그려준다. 진한 색상을 내기 위해 코코아 파우더를 뿌려준다.

# 웃는 고양이
## Smile Cat

## Recipe

❶ 잔을 살짝 기울여 뒷부분 앞쪽 지점에 스팀밀크를 따른다.

❷,❸ 1/3 정도 채워지면 피쳐를 S자형으로 흔들기 시작한다.

❹ 끝을 하트처럼 마무리하지 않고 원 모양으로 마무리해준다.

❺~❾ 크레마를 송곳으로 찍어 귀, 눈, 입, 수염을 그려준다.

# 바람개비

# **Weathercock**

## Recipe

1 크레마색을 살려주며 잔에 스팀밀크를 따른다.
2 스푼을 이용하여 중앙에 우유거품을 올린다.
3~8 핀에 우유거품을 찍어 잔을 돌려가면서 그어준다.
9 반복적으로 우유거품을 찍어 회전시킨다.

# 커피꽃

## Coffee Flower

## Recipe

① 크레마색을 살려주며 잔에 스팀밀크를 따른다.
②,③ 잔 주위로 스푼을 이용하여 우유거품을 떠 띠를 만들어 준다.
④ 중앙에 우유거품을 올려준다.
⑤~⑧ 핀을 이용하여 간격을 맞춰 밖으로 그은 후 안으로 다시 넣어준다.
⑨ 가운데 스팀밀크를 따라 잔을 채워준다.

## Menu Tip

응용으로 초코를 이용한 에칭 라떼 아트 꽃 모양과 핀을 이용하는 방법은 동일하다. 초코와 우유 거품을 어떻게 응용하느냐에 따라 전혀 다른 모양의 에칭 라떼 아트를 만들 수 있다.

# 끝없는 마음
# Endless Heart

## Recipe

**1** 잔에 크레마의 색감을 살려 우유를 따라준다.

**2~5** 원을 그리듯이 우유거품을 간격에 맞춰 올려준다.

**6~9** 핀을 사용해 우유거품 중앙을 통과하여 원을 그리듯 돌려준다.

## Menu Tip

핀을 이용해 중앙에서 시작해서 돌려 그려준 모양과 밖에서 시작하여 안으로 돌려준 모양은 다르다. 모든 에칭 라떼에는 틀이란 없으니 응용해서 다른 모양도 만들어보길 바란다.

라떼 아트 03

# 소스아트
## Source Art

초콜릿 소스나 캐러멜 소스 등과 같은 부재료는 카페 모카나 캐러멜 마키아토 등의 베리에이션 메뉴에 드리즐로써 사용되기도 하지만, 라떼 아트를 더 색다르고 화려하게 표현하기 위해 크레마와 우유거품 위에 그려져 에칭 기법을 통해 다양한 그림을 그리는 데 사용되기도 한다. 특히 초콜릿 소스는 크레마, 우유거품의 색과 확연히 차이가 나서 많이 사용되는 부재료이다.

# 유성

## Shooting Star

카페모 우유 스티밍

## Recipe

 크레마색을 살려주며 잔에 스팀밀크를 따른다.

② 스푼을 이용해 우유거품을 올려준다.

③ 우유거품 위에 초코시럽을 이용해 원을 그려준다.

④,⑤ 잔 주위 쪽으로 원을 그리듯 초코시럽 선을 만들어준다.

⑥~⑨ 핀을 이용해 별을 그려준 후 선은 S자로 돌려 그려준다.

# 꽃

# Flower

## Recipe

① 크레마색을 살려주며 잔에 스팀밀크를 따른다.
② 중앙에 우유거품을 올린다.
③ 우유거품 안에 초코시럽으로 원을 그려준다.
④,⑤ 다시 작은 원 밖으로 원을 하나 더 그려준다.
⑥ 핀을 이용해 십자 모양으로 그어준 후 다시 밖으로 선을 그어준다.
⑦,⑧ 그 후 사이사이 안으로 넣는 작업을 반복한다.

# 소용돌이

# Whirlpool

## Recipe

① 크레마색을 살려주며 잔에 스팀밀크를 따른다.
② 스푼을 이용해 우유거품을 중앙에 올려준다.
③ 우유거품 안에 초코시럽으로 원을 그려준다.
④ 초코시럽으로 더 큰 원을 그려준다.
⑤~⑨ 핀으로 간격을 맞추어 원을 그리듯 돌려준다.

# 별

## Star

## Recipe

① 크레마 색감을 살려 스팀밀크를 잔에 따라준 후 스푼을 이용해 우유거품을 중앙에 올려준다.

② 우유거품 사이에 초코시럽으로 원을 그려준다.

③~⑨ 핀을 이용해 U자로 간격을 맞춰 돌려준다.

# 프로펠러

# Propeller

## Recipe

1️⃣ 스푼을 이용해 십자로 우유거품을 올려준다.
2️⃣~5️⃣ 우유거품 위에 초코시럽으로 선을 그려준다.
6️⃣~9️⃣ 핀을 이용해 원을 그리듯이 돌려준다.

# 07

# 에스프레소 음료 제조

에스프레소 커피음료 제조란
추출한 에스프레소 커피에 각종 부재료를 활용하여
에스프레소 음료, 에스프레소 커피음료,
응용 에스프레소 커피음료, 라떼 아트 등
다양한 방법으로 커피음료를 만드는 능력이다.

# 음료 제조에 필요한 기구

에스프레소 커피를 이용하여 메뉴를 만들기 위해서는 각종 기구와 장비, 부재료 등의 용도와 사용 방법을 숙지해야 한다.

## 휘핑기(whipper)

질소가 충전된 전용 카트리지를 주입하여 생크림을 팽창시켜 휘핑크림으로 만드는 기구이다. 블렌더로 휩을 한 후 짤주머니에 넣어 사용하기도 하지만 보통 카페에서는 쉽고 간편한 가스 휘핑기를 주로 사용한다.

## 휘핑기 사용 방법

휘핑하는 방법은 휘핑기를 거꾸로 들고 왼손은 휘핑 용기 본체를 잡고 오른손으로 손잡이를 누른다. 이때 너무 세게 누르게 되면 휘핑크림이 강하게 분출되므로 연습을 통해 적당한 힘조절을 하는 요령을 터득해야 한다.

잔에 휘핑크림을 올리는 방법은 바깥쪽에서 안으로 돌리는 것이 원칙이다. 일반 메뉴에는 한 층을 올리지만, 아이스 음료 등 진한 휘핑크림 맛이 요구되는 경우 좀 더 풍성하게 올려 준다.

에스프레소 음료 제조

### 휘핑기를 이용하여 휘핑크림 만드는 방법

(1) 휘핑기에 차가운 생크림 500㎖를 넣는다. 무가당 생크림의 경우 설탕 시럽을 30㎖ 정도 첨가한다.

(2) 휘핑기 뚜껑을 오른쪽으로 돌려 닫는다.

(3) 가스 캡을 돌려 열고 질소가스를 넣는다.

(4) 가스 캡을 휘핑기에 장착시킨다. "치익"하는 소리와 함께 가스가 휘핑기에 주입된다.

(5) 휘핑기를 거꾸로 들고 20∼25회 정도 위아래로 흔들어 준다.

(6) 손잡이를 눌러 휘핑크림을 짜준다.

  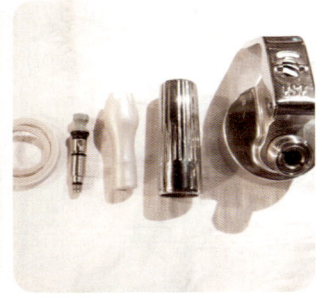

## 휘핑기 분해 청소 방법

(1) 휘핑기를 열때는 꼭 남아있는 가스를 모두 제거한 후 분리해야 한다.

(2) 휘핑기의 뚜껑 부분의 노즐갭은 돌려서 분리한다.

(3) 뚜껑 아래쪽의 핀부품도 살짝 당겨 분리한 후 고무 개스킷까지 분리한다.

(3) 본체 용기는 미지근한 물로 세척한 후 흐르는 물로 행궈준다.

(4) 분리된 고무 개스킷, 핀부품은 물론 뚜껑 등도 청소 솔과 미지근한 물로 세척한다. 특히 핀부품은 크림
이 분사하는 부분으로 주의 깊게 청소해 주어야 한다. 깨끗이 청소되지 않을 경우 남아있는 크림으로
인해 변질될 수 있다.

(5) 세척 청소가 끝난 본체 용기, 뚜껑 각 부품 등은 물기를 완전히 건조시킨 후 분리의 역순으로 조립하
여 사용한다.

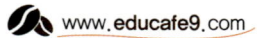

### 셰이커를 이용하여 부드러운 휘핑크림 만들기

(1) 믹싱 글라스에 차가운 생크림을 1/3 정도만 넣는다.
(2) 믹싱 글라스와 믹싱 틴을 결합한다.
(3) 20~30회 정도 빠르게 쉐이킹한다.
(4) 잘 섞인 휘핑크림을 보조 용기에 옮겨 사용한다.

## 블렌더(blender)

다양한 스페셜 음료를 만들기 위한 필수
장비 중 하나가 바로 블렌더이다. 일반적
으로 가정에서 사용되는 믹서가 아닌 업
소용으로 제작된 그라인딩 기능과 믹싱
기능을 동시에 수행하면서도 더욱 강한
파워와 성능을 갖는 제품을 사용하고, 빠
른 속도와 정교한 작업이 요구되는 매장
에서 큐브드 아이스cubed ice를 갈아서 재료
와 믹싱하는 데 적합하다.

블렌더는 크게 본체(터치 패드, 모터)와 칼날, 볼bowl, 캡cap으로 구성되어 있는데, 블렌더의
성능을 좌우하는 가장 중요한 부분은 바로 모터와 칼날이다. 블렌더의 성능은 블렌더를 사용
하는 모든 메뉴의 품질과 직결되기 때문에 블렌더를 선택할 때에는 파워, 속도, 칼날의 품질
과 안정성, 사후 관리 체계 등을 모두 고려하는 것이 중요하다. 또 가격의 격차가 심하기 때
문에 매장의 크기, 주메뉴의 종류와 성격, 사용자의 경제성과 능력 등을 고려하는 것이 좋은
블렌더를 선택하는 데 도움이 된다.

블렌더를 청소할 때에는 볼을 분리하고 물과 세제를 이용해 깨끗하게 씻은 후 말린다. 이때
고장과 합선 사고가 일어날 수 있으므로 물이 본체에 닿지 않도록 하고 행주로 잘 닦아서 청
결을 유지하여야 한다.

### 셰이커<sup>shaker</sup>

칵테일을 만들 때 재료를 혼합하는 대표적인 기구이다. 최근 카페에서 커피 등을 만들 때 재료와 얼음을 혼합할 때 응용해서 사용하며, 재질은 스테인리스로 제작되며 크게 3종류로 나뉘는데, 클래식 스탠다드 셰이커<sup>Standard Shaker</sup>, 모던식 보스턴 셰이커<sup>Boston Shaker</sup>, 아메리칸 셰이커<sup>Shaker</sup>가 있다.

## 1. 스탠다드 셰이커

캡<sup>cap</sup>, 스트레이너<sup>strainer</sup>, 바디<sup>body</sup>의 세 부분으로 구성되어 있고, 스테인리스 재질로 된 것이 가장 좋다.

바디, 스트레이너, 탑 이렇게 세종류로 나뉘고 크기에 따라 작은것부터 A형, B형, C형 으로 분류된다. 커블러 셰이커 라고도 부르며, 재질은 스테인리스, 유리 , 플라스틱 이 있다.

일반적으로 가장 많이 쓰이지만 사실 사용법은 간단하지 않다. 재료의 용량에 따라 셰이커의 크기를 선별해서 써야하고 파지법이라던지 흔드는 요령도 중요하다. 일반적으로 큐브아이스를 3개에서 4개 정도 넣고 약 7초에서 10초 정도 흔든다. 칵테일의 종류와 들어가는 재료에 따라 흔드는 세기도 조정해야 한다.

## 2. 보스턴 셰이커

스트레이너가 장착되지 않아 별도의 스트레이너가 필요한 셰이커로, 믹싱 틴<sup>mixing tin</sup>과 믹싱 글라스<sup>mixing glass</sup>의 두 부분으로 이루어진다.

바디와 카린스 글라스 두 가지로 분류된다. 사용법은 칵테일 재료를 넣은 후 얼음을 하프 스쿱정도 넣고 카린스 잔을 잘 맞추어 끼운 후 흔들면 된다. 스탠다드 셰이커와는 달리 크게 사용법이 정해지기 보단 일단 쇼를 위주로 한 셰이커이기 때문에 약간의 기교가 필요하다.

### 3. 아메리칸 셰이커

보스턴 셰이커와 비슷한 형태이지만 차이점은 2개의 믹싱 틴<sup>mixing tin</sup>으로 구성되어 있다는 점이 다르다.

### 스트레이너(strainer)

보스턴 셰이커를 사용했을 경우 잔에 얼음이 들어가지 않도록 하기 위해 믹싱 틴에 장착하는 도구로, 스프링 부분이 믹싱 틴의 안으로 들어가도록 장착한다.

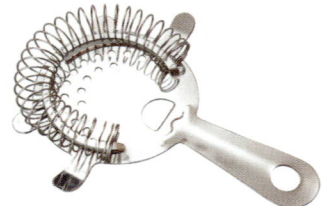

### 바 스푼(bar spoon)

쉐이킹하지 않고 아이스 에스프레소를 제조할 때 스팀 피쳐에 커피와 얼음을 넣고 잘 저어서 냉각시키기 위해 사용하는 도구이다.

# 음료 제조에 필요한 재료

**Chapter 02**

## 시럽 syrup

설탕과 물을 이용해서 만드는 플레인 시럽 외에도 여러 과
즙을 넣어서 맛을 낸 다양한 시럽들이 시판되고 있다. 맛과
향이 다소 강할 수 있기 때문에 제품의 특성에 따라 적당량
만 사용하는 것이 좋다. 시럽은 커피 메뉴 외에도 칵테일,
음식 등에 부재료나 첨가제로 광범위하게 사용되고 있으며,
크게 과일 시럽과 향 시럽으로 나누어지는데 대표적으로 사
용되는 시럽에는 다음과 같은 것들이 있다.

### 플레인 시럽 plain syrup

물에 백설탕을 녹인 것으로, 심플 시럽 simple syrup 또는 슈가 시럽 sugar syrup 이
라고도 한다. 일반적으로 음료에 단맛을 낼 때, 특히 아이스 메뉴에서 많
이 사용된다. 핫 메뉴는 일반 설탕을 넣어도 잘 녹기 때문에 큰 문제는 없
지만 아이스 음료는 설탕이 잘 녹지 않을 수 있어 시럽을 첨가하는 경우가
많다.

### 플레인 시럽 제조 방법

플레인 시럽은 일반적으로 각 브랜드별로 시판되는 시럽을 사용할 수 있지만, 영업장에서 직
접 만들어 사용하는 경우도 많이 있다. 이때 제조 방법은 크게 두 가지로 구분할 수 있다.

| 1. 가열하여 만드는 방법 | 2. 불을 사용하지 않는 방법 |
|---|---|
| (1) 설탕과 찬물을 1:1 비율로 냄비에 넣는다.<br>(2) 약불에서 젓지 않고 설탕이 완전히 녹을 때<br>까지 끓인다.<br>(3) 냉각시켜 보조 용기에 옮겨 사용한다. | (1) 사용 전날 설탕과 찬물을 2:1 비율로 사용할<br>용기에 넣고 잘 저은 후 놓아둔다.<br>(2) 다음날 완성된 시럽을 사용할 수 있다. |

### 플레이버 시럽

액체로 된 플레이버 시럽은 주로 음료의 풍미를 더해 주는 데 사용된다. 원료에 따라 맛과 향이 다르며, 설탕과 물의 비율에 따라서도 다르게 쓰인다.

최근에 플레이버 시럽은 음료를 만드는 데 없어서는 안 되는 재료로 자리잡고 있다. 원래는 케이크 표면에 발라 케익의 촉촉함은 물론 크림에 있는 수분을 유지하도록 만들어진 제품이다. 프랑스에서는 케이크류에 시럽을 듬뿍 발라 단맛을 끌어올리는 데 사용되었다. 과일 플레이버 시럽을 만들 때에는 사과, 오렌지, 레몬 등 껍질을 사용할 수 있는 과일들을 시럽과 함께 끓여 수증기로 고유의 향이 날아가지 않도록 봉한 후 식혀서 사용한다.

최근에는 블루 큐라소 시럽이나 피치, 딸기, 바나나, 살구 등의 과일 시럽, 코코넛, 바닐라 등의 향이 첨가된 다양한 시럽들이 많이 사용되고 있다.

### 메이플 시럽 maple syrup

사탕 단풍나무 수액을 농축시켜 만든 것으로, 독특한 풍미를 가지고 있다. 일반적으로 음료보다는 식재료나 핫케이크에 주로 사용되는 시럽이다.

### 파우더 powder

파우더는 보관성이 뛰어나기 때문에 음료를 만들 때 많이 쓰이는 부재료 중 하나이다. 각종 파우더를 활용해서 다양한 메뉴를 만들 수 있고, 완성된 메뉴 위에 뿌려 가니쉬로 활용하기도 한다.

파우더를 잘 활용하면 향미와 개성이 강조된 멋진 메뉴가 만들어지므로 적극적으로 활용하는 것이 큰 도움이 된다. 단, 너무 지나치게 사용할 경우 메뉴가 가져야 할 기본적인 맛과 향을 해칠 수 있으므로 적정량을 사용하는 것이 좋다. 메뉴에는 대표적으로 바닐라, 코코아, 모카, 시나몬, 민트 초코 등 다양한 향미가 강조된 파우더가 활용된다. 최근에는 요거트, 녹차, 허니 등 웰빙 재료를 이용해서 만든 파우더 제품도 많이 사용되는 추세이다.

### 기타 부재료

플레인 요거트, 각종 아이스크림, 생크림, 젤라틴, 잼, 벌꿀 등은 스페셜 음료와 커피 응용 메뉴에 많이 사용되고 있는 부재료이다. 이러한 부재료들을 활용한 메뉴들이 앞으로 더욱 많이 개발될 것이고, 더 다양하고 색다른 부재료들이 개발되고 사용될 것으로 보인다.

### 모카(초콜릿) 베이스 믹스

모카믹스를 미리 만들어 놓으면 여러가지 초콜릿 음료에 다양하게 사용할 수 있으며, 더욱 깊고 풍부한 초콜릿의 맛을 살리면서 떫은 맛도 적어지게 된다.

시중에 유통되는 초콜릿에는 설탕이 첨가되지 않은 제품부터 소스, 파우더 형태 등 다양한 제품이 시판되고 있다. 이러한 모든 제품을 혼합하여 믹스를 만들 수 있다. 혼합된 믹스는 하루정도 숙성시켜서 사용하면 더욱 진하고 깊이있는 초콜릿 음료를 만들수 있다.

> **초콜릿 소스를 이용하여 믹스 만들기**
> 초콜릿 소스 220ml + 플레인시럽 100ml + 우유 1700ml
>
> **초콜릿 파우더를 이용하여 믹스 만들기**
> 초콜릿 파우더 150g + 우유 2000ml

## 프라페 & 스무디 음료 제조에 필요한 재료

### 플레인 요거트 plain yogurt

다른 맛이 첨가되어 있지 않은 무설탕 요거트로 여러 종류의 과일 주스나 시럽, 퓨레 등과 혼합하여 맛있는 스무디를 만들 수 있는 좋은 재료이다.

### 요거트 파우더 yogurt powder

파우더 자체의 향이 강한 편이므로 블렌더에 넣고 갈 때 양 조절에 신경써야 한다. 특히 제조사마다 맛과 향의 정도가 다르기 때문에 음료를 직접 만들어 적정량을 확인하는 작업을 꼭 거쳐야 한다.

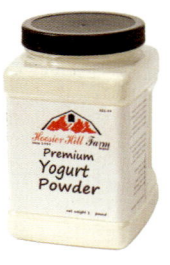

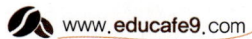

## 스무디 원액

스무디를 쉽게 만들 수 있도록 만들어진 것으로, 제품에 따라 합성착향료 등을 사용해 인공적으로 향을 가한 것도 있어 향과 맛의 정도에 차이가 많이 날 수 있다. 따라서 메뉴를 만들 때 물이나 우유와 섞어 테스트한 후 사용하는 것이 좋다.

## 생과일

최근에는 생과일을 직접 넣은 음료를 많이 만들기도 하는데, 가격이 다소 비싸질 수 있어 요즘은 퓨레를 많이 사용하는 추세이다. 하지만 생과일을 넣어서 만들면 영양가도 높고 맛과 향도 매우 좋기 때문에 최고의 재료라고 할 수 있다. 하지만 일정한 당도와 품질을 유지하기 힘들다는 단점이 있다.

## 스위트 앤 사워 믹스 sweet & sour mix

약간의 신맛을 더해서 상큼한 느낌을 주기 위해 스위트 앤 사워 믹스를 40~50ml 정도 첨가하는 경우도 많다. 스위트 앤 사워 믹스는 시판되는 분말 형태의 제품과 물의 비율을 1: 5 정도로 희석해서 만들 수 있다.

# 에스프레소 음료
## Espresso

에스프레소
에스프레소 리스트레토
에스프레소 도피오
에스프레소 룽고

### 에스프레소 커피의 종류

| 종류 | 의미 | 용량(ml) | 비고 |
|------|------|---------|------|
| 리스트레토 Ristretto | Limit: 제한적으로 추출한다. | 15~20 | 각 종류별 도피오를 사용할 수 있다. |
| 에스프레소 Espresso | Express: 빠르게 추출한다. | 25~30 | |
| 룽고 Lungo | Long: 길게 추출한다. | 35~45 | |
| 도피오 Doppio | Double: 두 배로 추출한다. | 50~60 | 에스프레소를 기준으로 한다. |

# 에스프레소

# Caffè Esprèsso

가압 방식의 에스프레소 머신을 이용하여 커피를 추출하는 이탈리아의 대중적인 커피를 말한다. 강렬한 커피의 풍미와 진한 농도가 특징이며 브루잉 커피에 비해 카페인양이 적다. 이탈리아에서는 스트레이트나 설탕을 듬뿍 넣어 마시며, 일반적으로 카페에서 만들어지는 커피음료의 베이스가 되기도 한다. 추출양은 1oz(30ml)정도이며 2oz(60ml) 크기의 데미타세(Demitasse)잔에 제공되는 커피를 말한다.

## Ingredient

☐ 커피 원두 8~10g
☐ 25~30ml(1oz 정도) 추출된 에스프레소

## Recipe

**1** 싱글(Single) 바스켓에 에스프레소 추출 기준에 따라 분쇄된 커피를 담는다.
**2** 레벨링(leveling) 후 탬핑(Tamping)을 한다.
**3** 데미타세잔에 25~35ml 정도를 바로 추출한다.

## Menu Tip

싱글 바스켓에 한 잔의 에스프레소 커피를 추출한다.

# 에스프레소 리스트레토

## Esprèsso Ristrétto

리스트레토(Ristretto)는 압축, 응축, 농축 등을 뜻하는 이탈리아어의 사전적 용어이다. 일반적인 에스프레소 보다 적은 양을 추출하여 진한 농도를 지니면서 쓴맛보다는 산미와 향이 진한 에스프레소 커피를 말한다.

에스프레소 음료 제조

Part 07

## Ingredient

□ 커피 원두 8~10g
□ 20~25ml(1oz 이하) 추출된 에스프레소

## Recipe

❶ 싱글(Single) 바스켓에 에스프레소 추출 기준에 따라 분쇄된 커피를 담는다.
❷ 레벨링(leveling) 후 탬핑(Tamping)을 한다.
❸ 데미타세잔에 20~25ml 정도를 바로 추출한다.

## Menu Tip

싱글 바스켓에 한잔의 카페 에스프레소 커피 기준보다 적은 양을 추출한다.

Espresso Origin
03

# 에스프레소 도피오

# Esprèsso Doppio

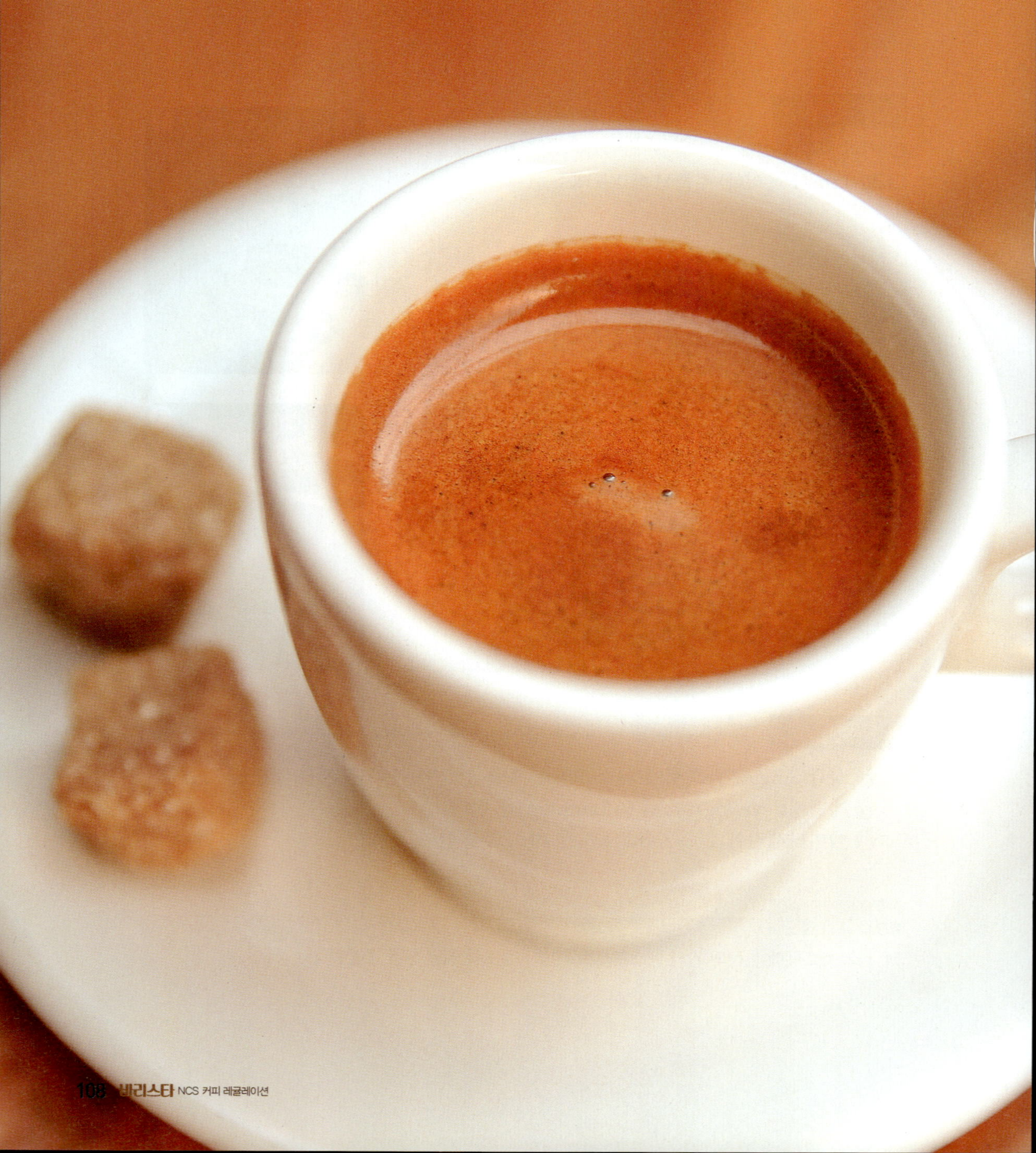

도피오(Doppio)는 두곱의, 두배 등을 뜻하는 이탈리아어의 사전적 용어이다. 카페 에스프레소나 리스트레토와 같은 농도와 맛은 같다. 더 많은 양의 에스프레소를 주문할 때 사용한다.

## Ingredient

☐ 커피 원두 16~20g
☐ 40~50ml(1oz 이상) 추출된 에스프레소

## Recipe

1 더블(Double) 바스켓에 에스프레소 추출 기준에 따라 분쇄된 커피를 담는다.
2 레벨링(leveling) 후 탬핑(Tamping)을 한다.
3 데미타세잔에 40~50ml 정도를 바로 추출한다.

## Menu Tip

카페 에스프레소 2잔을 한잔의 데미타세잔에 제공하는 에스프레소 커피이다.

# 에스프레소 룽고

## Esprèsso Lungo

룽고(Espresso Lungo)는 많다, 오래, 장시간, 길게 등을 뜻하는 이탈리아어의 사전적 용어이다. 일반적인 에스프레소보다 많은 양을 추출하여 연한 농도를 지니면서 부드럽고 마일드한 편안한 에스프레소 커피를 말한다. 에스프레소 도피오는 일반적인 카페 에스프레소와 같은 농도지만, 룽고는 1잔 분량의 커피로 에스프레소 도피오와 비슷하거나 약간 작은 양을 추출하기 때문에 에스프레소 도피오와는 다른 에스프레소 이다.

## Ingredient

☐ 커피 원두 8~10g
☐ 35~45ml(1oz 이상) 추출된 에스프레소

## Recipe

❶ 싱글(Single) 바스켓에 에스프레소 추출 기준에 따라 분쇄된 커피를 담는다.
❷ 레벨링(leveling) 후 탬핑(Tamping)을 한다.
❸ 데미타세잔에 35~45ml 정도를 바로 추출한다.

## Menu Tip

에스프레소 도피오와 같은 양이지만 농도와 맛은 부드럽다.

# 핫 메뉴
## Hot Coffee Variation

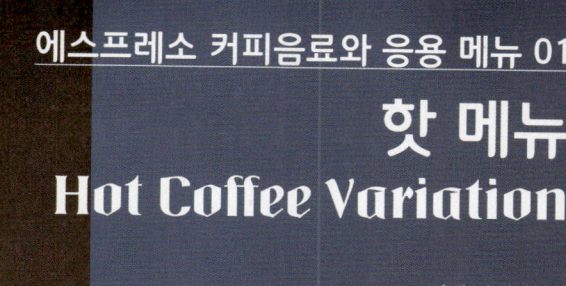

# 카페 아메리카노

## Caffè Americano

아메리카노(Americano)는 이탈리아에서 연하게 추출하는 브루잉 커피를 지칭하는 의미로 사용하였으나, 현재는 에스프레소 커피에 뜨거운 물을 혼합하여 브루잉 커피 농도로 만들어진 블랙스타일의 커피를 의미한다. 우리나라 카페에서 가장 많이 판매되는 가장 대중적인 커피이다.

## Ingredient

☐ 에스프레소 2shot
☐ 뜨거운 물 300g

## Recipe

❶ 머그잔에 추출한 에스프레소를 따른다.
❷ 기호에 따라 농도를 조절하여 뜨거운 물을 따른다.

## Menu Tip

진한 에스프레소 향을 즐기면서 뜨거운 물위에 에스프레소 커피를 천천이 따르고, 균일한 맛을 원할 경우에는 잔에 에스프레소를 먼저 따르고 이후에 물을 따른다.

# 카페라떼

## Caffè Latte

라떼(Latte)는 이탈리아의 가장 대중적인 커피로 보통 가정에서는 모카포트로 추출한 커피에 따뜻한 우유를 섞어 마신다. 미국의 밀크커피, 프랑스의 까페오레와 더불어 가장 대중적이고 친숙한 커피이다.

## Ingredient

□ 에스프레소 2shot
□ 홀밀크 200g

## Recipe

❶ 머그잔에 추출한 에스프레소를 따른다.
❷ 스티밍(Steaming)한 부드러운 폼밀크(Foamed Milk)를 에스프레소 위에 따른다.

## Menu Tip

미국에서 카페라떼(Caff Latte)로 표기하면서 일반적으로 사용되고 있으나, 이탈리아어의 정확한 단어 표기법은 카페라떼(Caffellatte)이다.

# 라떼 마키아토

# Latte Macchiato

마키아토(Macchiato)는 얼룩, 반점, 표식 등을 뜻하는 이탈리아어의 사전적 용어이다. 영어로는 마킹(Marking)과 비슷한 의미이며, 카페 마키아토와는 다른 종류의 음료이다. 라떼 마키아토는 손잡이가 달린 투명한 유리잔에 거품을 낸 홀밀크를 먼저 따르고 그 다음 에스프레소를 천천히 따른다. 잠시 후 우유거품, 에스프레소, 우유층이 순간적으로 3개의 레이어(Layer)가 만들어진다. 음용할 때는 따로 젓지 않고 순차적으로 마시게 되면, 한 잔의 커피에서 다양한 느낌을 즐길 수 있는 음료이다.

## Ingredient

☐ 에스프레소 2shot
☐ 홀밀크 200g

## Recipe

❶ 손잡이가 달린 투명 머그잔에 스티밍(Steaming)한 부드러운 폼밀크(Foamed Milk)를 따른다.

❷ 폼과 우유층이 분리되기 시작하면 추출한 에스프레소를 천천히 따른다.

## Menu Tip

에스프레소 마키아토와 라떼 마키아토는 점을 찍는 재료가 다르고 양도 많은 차이가 있다. 단지 마키아토의 의미를 갖는 스타일 음료이다.

# 카페 캐러멜 마키아토

# Caffè Caramel Macchiato

캐러멜 마키아토(Caffè Caramel Macchiato)는 얼룩, 반점, 표식 등을 뜻하는 이탈리아어의 사전적 용어이다. 영어로는 마킹(Marking)과 비슷한 의미이며, 라떼 마키아토를 응용한 음료 이다. 홀밀크위에 캐러멜 소스를 드레지(Dredge)하여 마킹을 한다고 하여 캐러멜 마키아토 라고 불린다. 첨가하는 소스의 종류에 따라 메뉴의 명칭이 다양하게 변화한다. 주로 많이 사용 하는 소스로는 초콜릿, 화이트초콜릿 등이 있다.

## Ingredient

- □ 에스프레소 2shot
- □ 홀밀크 200g
- □ 캐러멜 소스 35g

## Recipe

1. 머그잔에 스티밍(Steaming)한 부드러운 폼밀크(Foamed Milk)를 따른다.
2. 추출한 에스프레소와 캐러멜 소스를 잘 섞은 후 폼밀크가 담긴 잔에 천천히 따른다.
3. 폼밀크위에 캐러멜 소스를 드레지(Dredge)하여 장식한다.

## Menu Tip

무거운 캐러멜 소스가 잔 아래로 가라앉는 것을 방지하기 위해, 소스를 먼저 넣지 않고 에스프 레소와 캐러멜 소스를 잘 혼합하여 홀밀크 위에 부어준다.

# 카푸치노

# Cappuccino

카푸치노(Cappuccino)의 원래의 뜻은 가톨릭의 프란체스코파의 수도사를 의미한다. 이 수도사들은 머리에 하얀색 수건을 두르는데 그 모습이 우유거품을 얻은 커피와 비슷하여 유래된 이름이다. 에스프레소 커피와 더불어 이탈리아의 대표적인 커피이다. 에스프레소에 거품을 낸 홀밀크를 첨가하여 우유거품의 부드러운 감촉과 쌉쌀하고 고소한 에스프레소의 조화가 환상적인 맛을 만들어낸다.

## Ingredient
☐ 에스프레소 1shot
☐ 홀밀크 150g

## Recipe
❶ 카푸치노잔에 에스프레소를 바로 추출한다.
❷ 스티밍 피쳐에 홀밀크를 따르고 스티밍(Steaming)한 부드러운 폼밀크(Foamed Milk)를 에스프레소 위에 따른다.

## Menu Tip
카페라떼에 사용되는 홀밀크보다 공기주입을 더 많이하여 더 팽창되어야 한다. 홀밀크 온도에 따라 품질과 맛이 달라진다. 숙련된 바리스타의 기술이 많이 요구되는 커피 메뉴의 하나이다.

# 카푸치노 콘 판나
# Cappuccino Con Panna

콘 판나(Con Panna)의 콘(Con)은 결합, 혼합, 섞다의 의미이고 판나(Panna)는 생크림을 뜻하는 이탈리아어의 사전적 용어이다. 카푸치노에 크림을 살짝 올려 우유거품에 크림이 더 첨가하여 더욱 부드러운 맛을 즐길 수 있는 커피이다.

## Ingredient

☐ 에스프레소 1shot
☐ 홀밀크 150g
☐ 생크림

## Recipe

❶ 잔에 추출한 에스프레소를 따른다.
❷ 스티밍(Steaming)한 부드러운 폼밀크(Foamed Milk)를 에스프레소 위에 따른다.
❸ 기호에 따라 양을 조절하여 폼밀크 위에 생크림을 올린다.

## Menu Tip

카푸치노 콘 파나는 홀밀크을 조금 더 단단하게 만드는 것이 중요하며, 너무 많은 크림을 올리게 되면 크림이 침전되어 넘칠 수 있으니 주의해야 한다.

# 카페 비엔나

# Caffè Vienna

비엔나(Vienna)는 오스트리아 빈(Vienna)에서 유래된 커피로 진한 브루잉 커피에 생크림을 올린 고풍스럽고 품격 있는 음료이다. 본래 이름은 아인슈패너 커피(Einspanner Coffee)이다. 마차에서 내리기 힘들었던 마부들이 한 손으로는 고삐를 잡고, 한 손으로는 설탕과 생크림을 듬뿍 얹은 커피를 마신 것이 오늘날 비엔나 커피의 유래가 되었다고 한다.

## Ingredient

- 에스프레소 1shot
- 홀밀크 150g
- 설탕 15g
- 생크림

## Recipe

1 작은 와인잔에 추출한 에스프레소를 따른다.
2 에스프레소가 담긴 잔에 설탕을 넣은 후 잘 섞어 준다.
3 물을 따른 후 다시 한번 천천히 잘 섞어 준다.
4 기호에 따라 양을 조절하여 생크림을 올린다.

## Menu Tip

비엔나에서는 커피와 생크림에 비율을 1:1 정도로 마시거나 비스켓(Beesket)과 함께 즐기기도 한다.

# 카페 모카

## Caffè Mocha

모카(Mocha)는 일반적으로 초콜릿향이 나는 커피를 모카라고 부르는데, 음료로 만들때는 초콜릿을 첨가하여 만든 커피를 말한다. 화려하면서 친숙한 초콜릿 맛 때문에 대중적으로 인기 있는 음료이다. 처음 커피를 접하는 사람들도 쉽게 즐길 수 있는 커피이다.

## Ingredient

☐ 에스프레소 2shot
☐ 모카 베이스 믹스 200g
☐ 생크림

## Recipe

❶ 손잡이가 달린 투명 머그잔에 추출한 에스프레소를 따른다.
❷ 스티밍(Steaming)한 모카 베이스 믹스를 에스프레소 위에 따른다.
❸ 기호에 따라 양을 조절하여 생크림을 올린다.

# 아이스 메뉴
## Cold Coffee Variation

아이스 카페 아메리카노
에스프레소 샤커레토
아이스 카페라떼
아이스 캐러멜 라떼
아이스 카푸치노
아이스 라떼 마키아토
아이스 캐러멜 모카

# 아이스 카페 아메리카노

## Iced Caffè Americano

아이스 카페 아메리카노(Iced Caffè Americano)는 우리나라에서 아이스 커피(Iced Coffee)를 지칭한다. 일반적으로는 브루잉이나 더치커피로 추출하여 즐기지만 일반적으로 카페에는 에스프레소 커피에 차가운 물과 얼음을 넣어 만들어진 커피이다.

## Ingredient

☐ 에스프레소 2shot
☐ 차가운 물 180g
☐ 큐브 얼음 3개

## Recipe

❶ 클래식 셰이커에 집게를 사용하여 단단한 큐브 얼음 3개를 넣는다.
❷ 얼음을 담은 셰이커에 차가운 물을 따른다.
❸ 얼음과 차가운 물이 담긴 셰이커에 추출한 에스프레소를 따른다.
❹ 셰이커 뚜껑을 닫은 후 강하게 5회 정도 쉐이킹 한다.
❺ 얼음을 채운 아이스잔에 쉐이킹한 커피를 따른다.

## Menu Tip

음료 전체의 동일한 커피 농도를 만들기 위해 쉐이킹을 하게되면 음료의 냉각도 함께 일어나 오랫동안 같은 농도를 유지할 수 있다.

# 에스프레소 샤커레토

## Esprèsso Shakerràto

샤커레토(Shakerràto)는 에스프레소를 큐브 얼음과 함께 쉐이킹하여 커피 거품을 만들어내는 음료로 에스프레소의 진한 맛을 부드러운 커피 거품을 함께 느낄 수 있는 독특하고 스페셜한 메뉴이다.

에스프레소 음료 제조

## Ingredient

□ 에스프레소 2shot
□ 설탕 10g
□ 큐브 얼음 3개

## Recipe

1 클래식 셰이커에 설탕을 넣어준다.
2 설탕이 담긴 셰이커에 추출한 에스프레소를 따른다.
3 집게를 사용하여 단단한 큐브 얼음 3개를 넣은 후 빠른 시간에 셰이커 뚜껑을 닫는다.
4 셰이커가 완전히 차가워질때까지 30~40회 정도를 동일한 속도와 방향으로 쉐이킹 한다.
5 셰이커의 뚜껑을 열고 샴페인 잔에 따라 완성한다.

## Menu Tip

부드럽고 절도있게 쉐이킹을 하여 부드러운 거품을 만들도록 한다. 얼음이 녹아 커피의 농도가 너무 약해지는 것을 주의해야 하며, 음료 제공시 얼음을 넣으면 거품을 즐기기 힘들기 때문에 얼음 없이 제공한다.

# 아이스 카페라떼

# Iced Caffè Latte

아이스 카페라떼(Iced Caffè Latte)는 대중적으로 가장 친숙한 카페라떼를 시원하게 즐길 수 있는 음료이다. 미국의 밀크커피, 카페오레 등과 함께 가장 널리 알려진 커피이다. 우유가 혼합되는 에스프레소 커피의 기본이 되는 커피로 첨가하는 재료에 따라 얼마든지 다양하게 응용이 가능하다.

## Ingredient

☐ 에스프레소 2shot
☐ 홀밀크 240g
☐ 큐브 얼음

## Recipe

❶ 아이스잔에 큐브 얼음을 넣은 후 차가운 홀밀크를 따른다.
❷ 얼음과 홀밀크가 담긴 잔에 준비된 에스프레소를 천천히 따른다.

## Menu Tip

음료의 빠른 냉각과 전체 커피의 동일한 농도를 위해 5~10회정도 짧게 쉐이킹을 하거나 얼음과 우유를 잔에 따른 후 에스프레소를 부어주면 멋진 비주얼을 만들 수 있다.

# 아이스 캐러멜 라떼

# Iced Caramel Latte

아이스 캐러멜 라떼(Iced Caramel Latte)는 카페라떼에 캐러멜 플레이버 시럽을 첨가한 차가운 음료이다. 첨가하는 플레이버 시럽의 종류에 따라 메뉴의 명칭이 다양하게 변화한다. 주로 많이 사용하는 플레이버 시럽의 종류로는 아이리시, 헤이즐럿, 바닐라 등이 있다.

## Ingredient

☐ 에스프레소 2shot
☐ 홀밀크  200g
☐ 캐러멜 소스 40g
☐ 큐브 얼음

## Recipe

❶ 롱글라스에 얼음을 넣은 후 차가운 홀밀크를 따른다.
❷ 얼음을 홀밀크가 담긴 잔에 캐러멜 소스를 따라준다.
❸ 홀밀크와 캐러멜 소스가 담긴 잔에 추출된 에스프레소를 천천히 따른다.

## Menu Tip

에스프레소를 부어준 직후 충분히 저어서 제공하거나 음료의 비주얼 연출을 위하여 섞지 않고 제공할 경우에는 저을 수 있는 롱스푼을 제공한다.

# 아이스 카푸치노

# Iced Cappuccino

아이스 카푸치노(Iced Cappuccino)는 이탈리아의 대표적인 커피인 카푸치노를 응용하여 차갑게 만든 음료이다. 우유거품의 부드러움과 시원함을 동시에 즐길 수 있다. 기호에 따라 플레인 시럽, 시나몬, 초콜릿 파우더를 가미하여 드리면 더욱 매력적이다.

## Ingredient

□ 에스프레소 2shot
□ 홀밀크  150g
□ 큐브 얼음

## Recipe

❶ 우유거품기에 차가운 홀밀크를 넣고 거품을 만든 후 큐브 얼음을 넣은 잔에 따른다.
❷ 얼음과 홀밀크가 담긴 잔에 준비된 에스프레소를 천천히 따른다.

## Menu Tip

우유거품기(프렌치 프레스)나 셰이커가 없다면 밀폐된 텀블러(Tumbler) 등에 우유와 얼음을 함께 넣고 흔들어서 우유거품을 만들 수 있다.

# 아이스 라떼 마키아토

## Iced Latte Macchiato

라떼 마키아토(Latte Macchiato)는 점, 얼룩지다. 라는 이탈리아어로 영어의 마킹(Marking)과 같은 의미를 가진 음료이다. 투명 유리잔에 차가운 우유를 따르고 우유거품을 먼저 얹고, 에스프레소를 천천히 따르면 거품, 커피, 우유가 순차적으로 3개 층이 만들어진다. 음용할 때는 젓지 않고 순차적으로 마시게 되면 한 잔의 음료에서 다양한 맛과 느낌을 즐길 수 있는 음료이다. 취향에 따라 단맛을 내는 플레이버 시럽 (Flavor Syrup)을 첨가하여 마신다.

## Ingredient

☐ 에스프레소 2shot
☐ 홀밀크 200g
☐ 큐브 얼음

## Recipe

❶ 우유거품기에 차가운 홀밀크를 넣고 거품을 만든 후 큐브 얼음을 넣은 잔에 따른다.
❷ 우유와 거품층이 분리가 시작되면 준비된 에스프레소를 천천히 따른다.
❸ 취향에 따라 시럽을 첨가하여 마신다.

## Menu Tip

라떼 마키아토는 카페라떼보다 우유가 더 많이 들어가 가장 연한 이탈리아 밀크 커피이다.

# 아이스 캐러멜 모카

## Iced Caffè Caramel Mocha

캐러멜 모카(Caramel Mocha)는 일반적으로 초콜릿 향이 나는 커피를 모카라고 부르는데, 음료로 만들때는 초콜릿을 첨가하여 만든 커피를 말한다. 화려하면서 친숙한 초콜릿 맛 때문에 대중적으로 인기있는 음료이다. 처음 커피를 접하는 사람들도 쉽게 즐길 수 있는 커피이다.

## Ingredient

☐ 에스프레소 2shot
☐ 홀밀크  200g
☐ 캐러멜 소스 30g
☐ 생크림
☐ 큐브 얼음

## Recipe

① 아이스 모카잔에 큐브 얼음을 넣은 후 차가운 홀밀크를 따른다.
② 얼음과 모카 베이스 믹스가 담긴 잔에 캐러멜 소스를 따른다.
③ 추출된 에스프레소를 따른다.
④ 재료들이 잘 혼합될 때까지 잘 섞어준다.
⑤ 기호에 따라 양을 조절하여 생크림을 올린다.

## Menu Tip

카페에서 활용할 때 모카 베이스 믹스처럼 캐러멜 베이스 믹스로 만들어 응용할 수 있다.

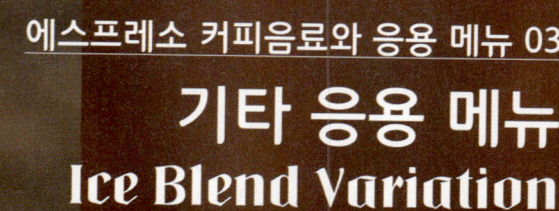

# 기타 응용 메뉴
## Ice Blend Variation

모카 프라페
바닐라 프라페
요거트 프라페
녹차 스무디
망고 스무디

# 모카 프라페
# Mocha Frappé

모카 프라페(Mocha Frappé)는 얼음을 듬뿍 넣어 부드럽게 만든 차가운 음료를 말한다. 아이스 블렌드 음료로서 진한 초콜릿을 시원하게 즐길 수 있는 음료이다.

## Ingredient

☐ 바닐라 파우더 30g
☐ 초콜릿 파우더 20g
☐ 모카 베이스 믹스 120g
☐ 큐브 얼음 200g
☐ 생크림

## Recipe

1 아이스 블렌더 볼에 단단한 큐브 얼음을 넣는다.
2 얼음이 담긴 블렌더 볼에 초콜릿 파우더를 넣는다.
3 초콜릿 파우더가 담긴 블렌더 볼에 바닐라 파우더를 넣는다.
4 바닐라 파우더가 담긴 블렌더 볼에 홀밀크를 따른다.
5 블렌더 볼 본체에 장착한 후 부드러워질 때까지 작동한 후 차갑게 냉각된 잔에 옮겨 담는다.
6 기호에 따라 생크림을 올린다.

## Menu Tip

조금 진하고 묵직한 느낌의 초콜릿 맛을 만들때는 초콜릿 파우더와 초콜릿 소스를 넣어 주거나 카카오 버터 함유량이 많은 고급 커버추어(Couverture) 초콜릿를 녹여서 사용하면 좋다.

# 바닐라 프라페
# Vanilla Frappé

바닐라 프라페(Vanilla Frappé)는 얼음을 듬뿍 넣어 부드럽게 만든 차가운 음료를 말한다. 여러가지 재료를 혼합하여 만들기 때문에 재료에 따라 다양한 메뉴로 응용이 가능하다. 스무디 (Smoothie)에 비해 얼음이 약간 더 거칠다. 바닐라 프라페는 모든 프라페 음료의 기본 베이스가 되기도 한다.

## Ingredient

- ☐ 바닐라 파우더 60g
- ☐ 홀밀크 120g
- ☐ 큐브 얼음 200g
- ☐ 생크림

## Recipe

❶ 아이스 블렌더 볼에 단단한 큐브 얼음을 넣는다.
❷ 얼음이 담긴 블렌더 볼에 홀밀크를 따른다.
❸ 계량스푼을 사용하여 바닐라 파우더를 넣고 본체에 장착한 후 부드러워질 때까지 작동한다.
❹ 차갑게 냉각된 잔에 옮겨 담는다. 기호에 따라 생크림을 올린다.

## Menu Tip

바닐라 파우더를 사용하지 않고 바닐라 아이스크림을 사용할 경우에는 우유의 양을 줄여준다.

# 요거트 프라페

## Yogurt Frappé

요거트 프라페(Yogurt Frappé)는 얼음을 듬뿍 넣어 부드럽게 만든 차가운 음료를 말한다. 아이스 블렌드 음료로서 상큼한 요거트를 시원하게 즐길 수 있는 음료이다.

## Ingredient
- 요거트 파우더 60g
- 홀밀크 120g
- 큐브 얼음 200g

## Recipe
1. 아이스 블렌더 볼에 단단한 큐브 얼음을 넣는다.
2. 얼음이 담긴 블렌더 볼에 요거트 파우더를 넣는다.
3. 요거트 파우더가 담긴 블렌더 볼에 홀밀크를 따른다.
4. 블렌더 볼 본체에 장착한 후 부드러워질 때까지 작동한 후 차갑게 냉각된 잔에 옮겨 담는다.

## Menu Tip
조금 더 상큼한 맛을 원한다면 레몬 1/4쪽을 스퀴저(Squeezer)하여 넣어준다.

# 녹차 스무디

# Green Tea Smoothie

녹차 스무디(Green Tea Smoothie)는 아이스 블렌드 음료로서 달콤한 캐러멜을 시원하게 즐길 수 있는 음료이다. 아이스 블렌드 음료로서 말차(가루녹차)을 사용하여 은은한 녹차향과 청명한 색을 느낄 수 있는 건강식의 시원한 음료이다.

## Ingredient

☐ 녹차 파우더 60g
☐ 홀밀크 120g
☐ 큐브 얼음 200g

## Recipe

❶ 아이스 블렌더 볼에 단단한 큐브 얼음을 넣는다.
❷ 얼음이 담긴 블렌더 볼에 녹차 파우더를 넣는다.
❸ 녹차 파우더가 담긴 블렌더 볼에 홀밀크를 따른다.
❹ 블렌더 볼 본체에 장착한 후 부드러워질 때까지 작동한 후 차갑게 냉각된 잔에 옮겨 담는다.

## Menu Tip

유통되는 녹차 파우더 제품에 따라서 녹차 파우더의 양을 조절해준다.

# 망고 스무디

# Mango Smoothie

에스프레소 음료 제조

Part 07

스무디(Smoothie)는 신선한 딸기, 바나나, 키위, 망고, 토마토 등 과일을 얼려서 스무디 전용 블렌더(믹서기)에 갈아 만든 음료이다. 블렌더의 버튼을 누르면 스무디에 적합한 속도로 자동으로 작동된다. 프라페에 비해 훨씬 부드러우며 질감이 스무스(Smooth) 한 느낌이 있기 때문에 붙여진 이름이다.

## Ingredient

☐ 망고 스무디 믹스 180g
☐ 큐브 얼음 200g

## Recipe

① 아이스 블렌더 볼에 단단한 큐브 얼음을 넣는다.
② 얼음이 담긴 블렌더 볼에 망고 스무디 믹스를 넣는다.
③ 블렌더 볼 본체에 장착한 후 부드러워질 때까지 작동한 후 차갑게 냉각된 잔에 옮겨 담는다.

## Menu Tip

망고 파우더를 사용하는 경우는 스무디 믹스 대신 파우더 60g과 우유 120g을 사용한다. 유통되는 스무디 믹스가 아닌 신선하고 부드러운 과육을 가진 과일은 모두 응용이 가능하다.

COFFEE

PART
08

# 커피매장 고객서비스

커피매장 고객서비스란
고객이 커피매장에 들어와서 나갈 때까지
인사, 주문, 서빙, 정리정돈, 불만 응대 등의
일련의 과정을 제공하는 능력이다.

# 커피매장 고객 맞이하기

## 고객서비스와 매너에 대한 이해

### 서비스의 개념

필요한 재화<sup>commodity</sup>를 공급하는 것 이상으로 서비스가 중요한 시대이다. 그런데 서비스의 개념을 이해할 때 생산 및 소비활동의 주된 부분이라기보다 부수적인 것으로 받아들이기 쉽다. 서비스는 눈에 보이는 형태로 공급되지 않는 경우가 많기 때문이다. 하지만 공급되는 재화의 종류가 다양하고 질이 높아지는 만큼 수요자는 더 나은 서비스를 기대하게 된다. 고객은 단순히 필요한 물건을 제공받을 뿐 아니라 상황에 맞는 요구와 문제를 해결해주길 원하기 때문이다.

서비스<sup>Service</sup>라는 말의 어원은 라틴어의 노예를 의미하는 'Serves'와 노예가 주인에게 바치는 노동을 뜻하는 'Servitum'이다. 하지만 현대에서 서비스의 의미는 인간 사이에서 일어날 수 있는 재화의 교류와 동반되는 정서적인 교류로 받아들여도 무방할 것이다. 또한 서비스는 결과보다 제공과정이 더욱 중요한 경우가 많으며 개인마다 기대 수준과 주관적인 평가 기준이 있기 때문에 정해진 규정이 있다고 볼 수 없다.

"고객은 왕<sup>Guest is king</sup>"이라는 말은 서비스 산업에서 고객과 서비스 제공자 사이를 주종관계로 느끼게 할 수 있으며 최근 사회적으로 논란이 되고 있는 문제들도 있다. 고객을 단순히 왕이라고 하여 무조건적인 주종의 관계로 해석하기보다 서비스를 제공하는 입장과 받는 입장에서 서로를 배려하고 각자의 입장에서 생각하는 태도로 역할을 수행할 필요성이 있다.

### 서비스의 특징

눈에 보이는 것보다 감정 혹은 정서적인 부분이 중요한 서비스의 특징은 무형성, 비분리성, 이질성, 소멸성으로 요약할 수 있다. 이러한 특징은 경영자가 서비스 관리하기 어려운 부분을 잘 설명해준다. 정해진 형태가 없기 때문에 좋은 서비스를 규정하고 제공하는데 한계점을 가지게 되는 것이다. 하지만 서비스의 특징을 잘 이해한다면 이러한 약점을 극복하고 좋은 서비스 전략을 세울 수 있다.

### ① 무형성Intangibility

서비스의 가장 대표적인 특징으로 실체가 없다는 뜻이다. 재화는 실체를 눈으로 확인할 수 있지만 매장의 분위기, 서비스 종사자의 친절과 배려 등과 같은 서비스는 객관적으로 형태를 파악하기 어려우므로 고객들은 제품을 구매하기 전 가치를 판단하거나 평가하는데 불안함을 느낀다. 따라서 사진, 안내문 등을 통해 서비스의 물적 증거를 제공하고 구매 후 만족도 조사 등을 통해 정보를 얻을 수 있도록 할 필요가 있다.

### ② 비분리성Inseparability

서비스는 생산되는 동시에 소비된다. 이를 서비스의 비분리성이라 하며 고객이 생산과정에서 참여하게 되는 일이 빈번이 발생한다. 커피전문점과 같은 음식을 제공하는 곳은 일반적으로 사전에 만들어 놓은 것이 아니라 주문과 동시에 생산이 이루어지고 그 과정에서 고객의 요구와 상황에 따라 결과가 달라진다. 그래서 고객과의 소통과 상호작용은 서비스 마케팅에서 중요한 요소가 된다. 특히 매뉴얼대로 훈련되어 있으면서 동시에 상황에 따라 유연성 있게 대처할 수 있는 서비스 종사자의 역할과 태도가 중요하다. 커피전문점 경영자는 이러한 특징을 고려하여 직원을 채용해야 하며 지속적인 교육과 훈련을 통해 서비스의 일관성을 확보할 수 있도록 해야 한다. 서비스 비분리성은 네 가지 특성을 지니고 있다. 첫째, 사전에 대량생산을 통한 재고 저장이 불가하여 시간이나 공간에 따라 제한이 있고 둘째, 재고를 저장할 수 없으므로 추가수요에 대한 관리(시간대별 근무인력 보충 및 배치)가 강조되며 셋째, 수요에 대한 대략적인 예측은 가능하지만 정확성이 떨어지고 넷째, 현장에서만 구매가 가능하기 때문에 유통과 검수 과정이 생략된다는 특성이 있다.

### ③ 이질성Heterogeneity

서비스는 표준화하기 어려운 특성을 지니고 있다. 서비스를 제공하는 사람, 고객의 주문 및 근무환경에 따라 내용과 질에 차이가 발생하기 때문이다. 그래서 각 매장에 맞는 서비스 매뉴얼을 개발하여 표준화시키고 일관성 있는 서비스를 제공하려 한다. 하지만 매뉴얼을 갖추게 된다고 해도 개개인마다 차이가 있기 때문에 서비스의 결과가 언제나 동일한 것은 아니다. 따라서 최대한 일관성 있게 서비스를 제공하기 위해서는 표준운영절차를 개발하여 서비스 업무에서 자연적으로 발생할 수밖에 없는 문제들을 유연성 있게 대처할 수 있도록 해야 한다. 기본적인 매뉴얼이 없다면 직원마다 일하는 방식이 달라 차이가 생기고 이는 고객의 불만으로 이어질 수 있다. 업무 시스템을 체계화하고 명확한 규칙을 세우는 것은 최대한 일관성 있는 서비스를 제공할 수 있는 토대가 될 것이다.

### ④ 소멸성 Perishability

생산되는 즉시 소비되는 서비스는 규격화된 제품이나 샘플이 없으며 저장이 불가하다. 이러한 특징을 보완하기 위해 수요와 공급 간의 조절이 필요하고 다양한 마케팅 방안을 연구해야 한다. 다시 말해 수요가 많을 시에는 파트타이머 활용 등을 통해 인적 자원을 보충하고 서비스 형태에 대한 안내문이나 사진 등의 자료를 통해 고객들에게 정보를 제공하는 방법들을 연구해야 한다.

## 고객서비스의 중요성

서비스산업에서 가장 중요한 가치는 고객의 만족이다. 서비스 종사자는 고객이 원하는 바를 정확히 인지하여 만족할 수준으로 제공해야 한다. 그런데 서비스는 유형적인 제품과 달리 눈에 보이지 않는 형태로 제공된다. 그래서 제품과 서비스를 분리해서 생각하기보다 2가지가 연결되어 고객에게 동시에 제공되는 하나의 상품으로 봐야 한다. 예를 들어 매장에서 원하는 물건을 구매하려는 고객은 제품의 질뿐 아니라 그에 응대하는 서비스 종사자의 태도와 역할로 제품에 대한 만족도를 결정하게 된다. 특히 커피와 같은 식음료 서비스는 1차적인 욕구를 충족시키면서 동시에 개개인의 기호, 사회적인 욕구 등을 동시에 충족시켜줘야 하기 때문에 정확한 서비스의 형태가 없으며 그 유형이 매우 다양하다. 이러한 관점에서 볼 때 고객이 제공받는 식음료의 가치는 재료의 원가보다 부가적으로 제공되는 서비스에 더 큰 비중이 있다. 자판기에서 뽑아먹는 커피의 가격과 커피전문점에서 제공되는 커피의 가격이 다른 것은 원가적인 부분보다 커피를 사서 마실 때 부가되는 서비스의 질과 수준에서 오는 차이 때문이다. 따라서 서비스 종사자는 업무에 대한 넓은 이해와 전문적인 지식을 쌓고 표준화된 매뉴얼대로만 행할 것이 아니라 마음이 느껴지는 서비스를 제공하여 고객의 만족과 감동을 동시에 줄 수 있어야 한다.

## 서비스 매너의 기본정신

현대의 소비생활에서 서비스는 필수적인 요건이다. 우리는 하루에도 몇 번이나 여러 종류의 서비스를 제공받는다. 서비스를 제공하는 사람들도 언제든 서비스를 받는 입장이 될 수 있다. 고객의 입장이 된다면 좋은 서비스와 그렇지 않은 서비스를 보다 쉽게 구분할 수 있다. 고객의 관점에서 좋은 서비스에 대한 개념을 이해하고 서비스 제공자로서의 역할에 충실하다면 훌륭한 서비스를 제공할 수 있다. 서비스업 종사자들은 이러한 서비스마인드를 갖추고 단정한 용모와 청결한 상태를 유지하며 서비스 제공에 필요한 전문 지식을 숙지하여 업무를 잘 수행할 수 있도록 해야 한다. 서비스 제공자는 생산 뿐 아니라 고객을 접촉하는 역할도 담당하기 때문에 고객이 해당 기업에 대한 이미지를 형성하는데 결정적인 역할을 하며 이는 매출의 성과로 이어질 수 있다.

일반적으로 서비스 종사자가 갖추어야 할 정신적인 요건을 서비스 정신이라고 한다. 서비스의 중요성을 인식하여 봉사정신Service mind을 가지고, 청결성Cleanliness, 능률성Efficiency, 경제성Economy, 정직성Honesty, 환대성Hospitality을 통해 자발적이고 긍정적인 고객서비스를 제공하여 기업의 목적달성에 이바지하는 것이 바로 서비스 매너의 기본정신이다.

### ① 봉사정신 Service Mind

서비스 매너의 핵심적인 부분이며 서비스 종사자는 고객에게 제공되는 물적 서비스 외에 진정성 있는 마음으로 서비스를 제공해야 한다. 어떤 고객이나 상황을 맞이하더라도 수동적이거나 사무적인 태도를 취해서는 안 되며 고객의 요구와 심리상태에 맞는 최상의 친절로 고객서비스에 임해야 한다.

### ② 청결성 Cleanliness

청결성은 공공위생과 개인위생으로 나뉘어 볼 수 있다. 공공위생의 청결은 매장에서 고객이 머무르는 공간, 이용하는 집기·비품 등 모든 시설물의 청결을 의미한다. 개인위생은 서비스 종사자의 청결을 뜻하며 건강상 문제가 없어야 하고, 용모나 복장을 항상 단정하고 정돈될 수 있도록 주의를 기울여야 한다.

### ③ 능률성 Efficiency

주어진 시간 내에 맡은 바 업무를 정확히 파악한 다음 최대한의 능력을 발휘하여 효과적으로 업무를 수행하는 것을 의미한다. 효율적인 업무를 수행하기 위해서는 모든 업무에 능동적으로 대처해야 하며 적극적이고 계획적인 자세가 수반되어야 한다.

### ④ 경제성 Economy

서비스 종사자의 가장 큰 사명중 하나이다. 고객이 이용하는 기물이나 집기류들은 고가의 상품들로 구성되는 경우가 많다. 특별히 차별화된 서비스를 제공해야 하는 경우는 더욱 그러하다. 여러 사람의 손이 거치는 만큼 주의를 기울여 파손을 최소한으로 줄이고 전기, 수도, 린넨 등의 비품 사용도 잘 점검하도록 한다.

### ⑤ 정직성 Honesty

서비스는 사람들 간의 관계에서 이루어지는 행위이므로 기본적인 믿음이 바탕이 되어야 한다. 서비스 제공자는 정직성을 기반으로 고객에게 신뢰받을 수 있는 관계를 형성해야 한다. 또한, 고객 뿐 아니라 동료에게도 책임감 있는 행동으로 서로를 배려하며 일할 수 있어야 한다.

⑥ 환대성,Hospitality

고객을 환대한다는 것은 서비스 산업에서는 필수적인 요건이지만, 고객의 성격이나 상황에 따라 만족도는 다르기 때문에 모든 고객을 100% 만족시킨다는 것은 어려운 일이다. 또한, 고객의 상황에 따라 종사자의 태도에 대해 느끼는 감정이나 평가기준이 다르기 때문에 항상 부드러운 분위기에서 정성스러운 환대를 받고 있다는 인상을 가질 수 있도록 노력해야 한다.

## 서비스 종사원의 용모

서비스 종사자에게 용모와 복장이란 업무의 연장선상이라고 할 수 있을 만큼 중요한 요소다. 단정한 용모와 복장은 고객에게 좋은 첫 인상을 심어줄 수 있고 종사자 당사자에게도 업무에 임하는 마음가짐과 태도를 정비할 수 있는 계기가 된다. 고객을 향한 친절하고 배려하는 마음은 얼굴의 표정으로 나타나고 업무에 임하는 성실한 태도는 복장을 통해 표현될 수 있다. 그러므로 용모를 단정히 하고 복장을 잘 갖추는 것은 좋은 서비스를 수행하는데 첫걸음이 된다. 또한 서비스 종사자는 자신의 용모와 복장이 개인 뿐 아니라 해당 기업의 전체 이미지를 결정지을 수 있다는 점을 명심해야 한다. 항상 준비되어 있는 복장과 태도로 고객을 맞이하는 습관을 들여야 할 것이다.

### 두발

서비스 종사자의 두발은 항상 단정하게 정리하여 깔끔한 인상을 주어야 한다.

| 여성 | 남성 |
|---|---|
| • 지저분해 보이는 파마나 염색은 피한다.<br>• 머리모양이 거부감을 주지 않도록 한다.<br>• 머리카락이 얼굴을 가리지 않도록 묶거나 핀으로 고정시킨다.<br>• 수시로 거울을 보며 청결한 상태를 유지한다. | • 장발, 파마, 염색은 피한다.<br>• 뒷머리가 셔츠 깃 상단에 닿지 않도록 한다.<br>• 옆머리는 귀가 보이도록 짧게 자른다.<br>• 앞머리는 흘러내리거나 이마를 덮지 않게 헤어제품을 사용해 고정한다.<br>• 수시로 거울을 보며 청결한 상태를 유지한다. |

## 얼굴

매장의 분위기를 생동감 넘치도록 만들기 위해서 서비스 제공자는 항상 밝은 표정을 유지하여 고객에게 좋은 인상을 주도록 한다.

| 여성 | 남성 |
| --- | --- |
| • 업무에 방해가 되는 액세서리의 착용은 가급적 삼가 한다.<br>• 귀걸이는 진주, 금, 은을 소재로 한 작은 크기의 단순 부착형을 착용한다.<br>• 밝고 건강한 피부표현이 되도록 한다.<br>• 눈화장은 자연스럽게 하고, 속눈썹은 달지 않는다.<br>• 립스틱은 옅은 색으로 하고, 창백해 보이는 색이나 짙은 색은 피한다.<br>• 코나 이마 등 피부의 번들거림이 생기지 않도록 수정 메이크업을 한다.<br>• 얼굴에 난 상처는 가능한 빨리 치료를 하고, 가급적 반창고를 붙이지 않는다.<br>• 안경착용 대신 가급적 콘택트렌즈를 사용하도록 한다.<br>• 식후에는 반드시 양치질을 하여 구취에 주의한다. | • 면도는 매일하여 단정한 인상을 주도록 한다.<br>• 수염이나 코털의 정리가 잘 되었는지 확인한다.<br>• 세면이나 면도 후에는 반드시 기초 화장품을 사용하여 피부를 보호한다.<br>• 얼굴을 지나치게 햇볕에 그을리지 않도록 한다.<br>• 식후나 음식물을 섭취하고 난 후에는 반드시 양치질을 하고 입안을 청결하게 해야 한다.<br>• 흡연 후 서비스해야 할 경우에는 반드시 양치질을 한다. |

## 손

손은 제2의 얼굴이라고 할 수 있을 만큼 고객에게 자주 노출되며 가장 가깝게 다가가는 부분이다. 특히 식음료 서비스 제공자의 손은 항상 위생적으로 청결을 유지해야 한다.

| 여성 | 남성 |
| --- | --- |
| • 손톱은 적당히 깎아 불순물이 손톱사이로 들어가지 않도록 한다.<br>• 매니큐어는 색상이 있는 것보다 무색이나 옅은 색을 선택하여 바르도록 하며 벗겨지거나 지저분해 보이지 않도록 관리한다.<br>• 시계는 스포츠나 장식용이 아닌 일반적인 것을 착용하고 손목 밑으로 흘러내리지 않도록 한다.<br>• 팔찌와 반지 등의 액세서리나 보석류는 가능한 착용하지 않는다.<br>• 손등이나 바닥에 각질이 발생하지 않도록 핸드크림을 바른다. | • 손등에 문신이 있는 경우 반드시 제거하도록 해야 한다.<br>• 손톱은 주기적으로 깎아 불순물이 없도록 관리해야 한다.<br>• 스포츠용 시계 착용을 금하고, 반지의 착용도 가급적이면 자제한다.<br>• 손등이나 바닥에 각질이 발생하지 않도록 핸드크림을 바른다. |

커피매장 고객서비스

Part 08

### 구두 및 양말

서비스 종사자는 오래 서 있거나 이동하면서 서비스를 제공하는 경우가 많기 때문에 자기의 발에 맞고 편안한 구두를 선택하는 것이 좋다. 또한 옷과 구두의 색깔이 잘 매치될 수 있는 가죽소재의 제품이 좋고 양말은 검정, 감색계열의 단일색상을 선택한다.

| 여성 | 남성 |
|---|---|
| • 활동하는데 편리한 검정단화를 원칙으로 하되 뒷굽이 너무 높지 않아야 한다.<br>• 종아리가 굵은 경우 가는 하이힐은 피한다.<br>• 발목이 굵거나 다리가 짧은 사람은 통굽을 피하는 것이 좋다.<br>• 구두의 뒷굽 관리를 잘하고 항상 윤이 나도록 관리한다.<br>• 스타킹은 피부색과 비슷한 것을 선택한다.<br>• 올이 나간 스타킹의 사용을 금하고 만일에 대비하여 여분을 항상 준비해둔다. | • 구두의 색상은 검정계통을 착용하고 너무 무거운 느낌이나 화려한 디자인은 피한다.<br>• 뒷굽이 닳은 것은 좋지 못한 인상을 주므로 주의한다.<br>• 항상 광택이 나도록 손질하고, 착용 후에는 잘 손질하여 보관한다.<br>• 검정 또는 군청색의 단일색상의 양말을 선택하고 화려한 무늬는 금한다.<br>• 목이 긴 양말을 착용하여 앉았을 때 속살이 보이지 않도록 유의한다. |

### 유니폼

청결하고 정돈된 유니폼은 매장에 좋은 인상을 주고 고객에게 신뢰감을 줄 수 있다. 그러므로 관리자는 매장 인테리어와 어울리는 유니폼의 디자인을 잘 선택할 필요가 있다.

| 여성 | 남성 |
|---|---|
| • 항상 청결하고 다려진 옷을 착용한다.<br>• 소매 끝이나 깃이 더러운 것은 착용하지 않는다.<br>• 지급된 유니폼 이외의 것은 착용하지 않는다.<br>• 단추가 떨어져 있거나 바느질이 뜯어진 곳은 없는지 세밀히 확인한다.<br>• 먼지나 비듬이 묻지 않았는지 항상 점검한다.<br>• 유행이나 개인 취향에 따라 수선하지 않도록 한다.<br>• 블라우스는 치마 속에 넣어 나오지 않도록 유의한다.<br>• 앞치마는 깨끗하고 다림질하여 착용 시 뒤틀리지 않도록 한다. | • 바지는 항상 청결하고 무릎이 나오지 않도록 다림질에 신경 쓴다.<br>• 바지의 길이는 양말이 보이지 않을 정도가 좋다.<br>• 먼지나 비듬, 담배냄새 등으로 고객에게 불쾌감을 주지 않도록 한다.<br>• 상·하의 주머니가 불룩하지 않도록 불필요한 물건은 넣지 않는다.<br>• 만년필이나 볼펜 등의 필기구는 안쪽 주머니에 보관하고, 바깥주머니에는 꽂지 않도록 한다. |

### 와이셔츠 및 블라우스

- 청결하고 주름이 없는 흰색 와이셔츠나 다림질이 잘 된 블라우스를 착용한다.
- 와이셔츠 착용 전 소매 끝·깃 등에 오염이 없는지 반드시 확인한다.
- 소매 길이는 상의소매에서 1~2cm 나오는 것이 적당하다.
- 옷자락이 바지 밖으로 보이지 않도록 유의한다.

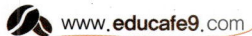

### 넥타이

- 매장에서 정해진 넥타이를 착용하는 것이 원칙이지만 정해진 넥타이가 없을 경우 유니폼과 동일색이거나 보색 계열의 타이를 착용하는 것이 좋다.
- 넥타이의 매듭은 항상 중앙에 오게 하며 느슨하지 않도록 반듯하게 맨다.
- 넥타이의 길이는 허리벨트를 약간만 가리는 정도가 좋고 바깥쪽 넥타이 보다 길어서는 안 된다.
- 넥타이에 의해 형성되는 V·Zone은 고객의 시선이 가장 먼저 머무는 곳으로 항상 단정하게 유지하여 깔끔한 인상을 주도록 한다.

### 명찰

- 명찰은 고객의 시선이 편하게 머물 수 있는 와이셔츠 3번째 단춧구멍 평행선상 또는 좌측흉부(앞주머니)에 착용하도록 한다.

## 서비스 종사원의 태도

좋은 서비스를 결정하는 가장 중요한 요소 중 하나는 서비스 제공자의 태도다. 고객은 서비스 제공자가 자신의 요구가 수행해주는 결과 뿐 아니라 그 과정에서 보이는 태도를 통해 만족을 느끼기도 하고 그렇지 않기도 한다. 또한, 앞서 아무리 만족스러운 서비스를 제공받았을 지라도 한 번의 좋지 않은 인상을 받게 되면 전체 서비스의 만족도는 떨어지기 때문에 일관성 있게 친절한 태도를 유지해야 한다. 서비스업 관련 종사자들은 타 산업에 종사하는 사람들에 비해 좀 더 섬세하고 다른 사람을 이해하는 센스를 가지고 있는 편이 좋다. 고객을 향한 서비스 종사자의 한결같은 응대와 태도는 기업 전체의 신뢰감을 심어줄 수 있으며 이는 재구매를 통한 매출 상승으로 이어질 수 있다.

### 미소

우리는 일상생활에서 대화를 시작하기 전, 상대방의 얼굴을 보며 기분을 파악하기도 한다. 마음은 얼굴표정을 통해 나타나며 타인에게 그대로 전달되기 때문에 서비스 제공자는 꾸미지 않은 밝은 미소로 고객을 대해야 한다. 우리나라의 정서상 잘 알지 못하는 사람에게 미소를 짓는 것은 하는 사람도, 받는 사람도 익숙지 않다. 하지만 미소란 국적을 초월하여 상대방에게 경계심을 풀고 호감을 심어줄 수 있는 요소다. 특히 서비스가 고객과의 정서적인 교류와 만족감을 심어주기 위한 것이라면 적절한 미소는 필수적이라 할 수 있다. 따라서 서비스 제공자는 서비스의 효과를 높이고 고객의 마음을 얻기 위해서 자연스럽게 미소를 짓는 연습을 해야 한다. 미소는 상황에 어울리는 것이어야 하고 진심에서 우러나올 수 있어야 한다. 미소를 지을 때 가장 이상적인 입모양은 윗입술과 아랫입술 사이에 윗니가 가지런히 놓인 상태다. 이 때 양 쪽의 입 꼬리가 처지지 않도록 유지한다면 더욱 좋다. 그러나 이 모양을 유지하는 것이 힘들다면 매순간 입 꼬리가 올라가는 짧은 단어로 발음을 연습하는 것이 좋다.

## 몸가짐

매장에서 서비스 제공자는 항상 몸가짐을 단정히 하고 자신의 모습에게 나쁜 습관이나 버릇이 없는지 점검해야 한다. 바른 몸가짐은 업무와 고객을 대하는 성실함의 표현이며 보는 사람에게 호감과 신뢰감을 심어준다. 세련되고 바른 몸가짐은 꾸준한 노력과 자기 점검을 통해 형성될 수 있다.

- 접객을 담당하는 서비스 종사자는 등과 어깨를 바르게 펴고 항상 고객과 홀 쪽을 살피고 고객이 원하기 전에 필요한 서비스를 제공할 수 있어야 한다.
- 앉아서 휴식을 할 경우에는 양다리를 꼬지 않고 한쪽 다리에 중심을 두고 다른 한쪽 다리는 가볍게 앞으로 내민다.
- 팔짱을 끼거나, 턱 괴기, 벽에 기대는 행동은 삼간다.
- 종업원들끼리 모여서 잡담하는 모습을 보여서는 안 된다.

## 보행

걸음걸이는 그 사람의 품성을 나타내므로 몸을 지나치게 흔들거나 요란스런 소리를 내지 않도록 주의한다. 바르고 아름다운 걸음걸이로 품격 있는 서비스를 제공하기 위해서는 서비스 종사자 각자가 연구하고 훈련을 해야 한다.

- 바람직한 보행 자세의 원칙은 등을 곧게 세우고 어깨의 힘을 뺀다.
- 무릎을 곧게 펴고, 배를 당겨 중심을 허리 높이에 둔다.
- 턱은 당기고, 시선은 자연스럽게 정면을 향하도록 한다.
- 걷는 방향은 항상 직선이 되도록 신경 쓴다.
- 뒷짐을 지거나 주머니에 손을 넣고 걸어서는 안 된다.
- 고객의 앞으로 지나가서는 안 되고 항상 고객의 뒤로 보행한다.
- 고객을 안내할 경우 좌 1보, 2~3보 앞에서 동행한다.
- 고객과 동행하여 문을 출입할 경우에는 손잡이를 당겨 열고, 옆으로 비켜서서 고객이 먼저 들어가게 한 뒤 따라 들어간다.

## 대기방법

대기 자세는 고객이 오는 것을 기다리거나 고객이 어떠한 요구사항이 있을 경우 즉각적으로 대응하는 준비 자세다. 올바른 대기 자세는 등과 어깨를 바르게 펴고 작은 미소를 유지한 채 시선은 고객에게 두며 고객이 무엇을 원하는지, 더 필요한 것은 없는지 항상 주시하면서 고객이 부르기 전에 먼저 센스 있게 서비스를 제공해주는 것이다. 대기 중에는 직원들끼리 모

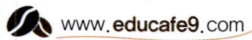

여 사담은 피하고 기침이나 하품도 되도록 가릴 수 있도록 한다. 대기의 위치는 매장 전체를 볼 수 있는 곳이 좋으며 고객에게 등을 보여서는 안 된다.

## 인사

인사는 고객접점Moment of truth이 이루어지는 서비스로서 마음을 느낄 수 있는 밝은 표정과, 음성으로 고객에게 전달되어야 한다. 먼저 고객의 시선을 맞추고 바른 자세로 인사하며 상황에 맞는 적절한 인사말을 해야 한다. 인사의 종류는 보통 허리를 숙이는 각도에 따라 목례(15도), 보통례(30도), 정중례(45도)로 구분되며 상황에 따라 다르게 할 수 있다.

인사는 인간관계에서 기본이 되는 예절이며 마음을 전달할 수 있는 언어적 표현이다. 특히 고객을 상대로 하는 서비스 업무에서 인사는 무척 중요한 요소다. 하지만 일상에서 수차례 반복되는 만큼 감정 없이 에스프레소 머신적으로 행해질 수 있으니 짧은 한 마디에도 고객이 진심을 느낄 수 있도록 해야 한다. 상황을 고려하지 않은 반복적이고 형식적인 인사는 오히려 고객에게 실례가 될 수도 있다.

- 고객을 만났을 때는 하던 일을 멈추고 상대를 향해 바르게 서서 인사한다.
- 여성의 경우 오른손이 위로 오도록 양 손을 모아 가볍게 잡고 오른손 엄지를 왼손 엄지와 인지 사이에 끼워 아랫배에 가볍게 댄다. 이때 발을 붙인 상태에서 한쪽 발이 5~10cm 앞으로 나오게 한다.
- 남성의 경우 차렷 자세로 가볍게 쥔 손을 바지 재봉 선에 댄 후 발을 뒤꿈치에 붙이고 발의 내각을 30도 정도 벌린다.
- 등을 편 상태에서 허리에서 머리까지 일직선을 유지한다.
- 시선은 자기 발을 보지 말고 전방 1.5m 정도 앞을 보는 것이 자연스럽다.
- 다리는 곧게 펴고 무릎은 붙이고 엉덩이가 뒤로 빠지지 않도록 유의한다.
- 서둘러 고개를 들지 말고 굽힐 때 보다 천천히 상체를 들어 허리로 인사를 해야 품위 있는 인사를 할 수 있다.
- 상체를 들어 올린 다음, 똑바로 선 후 미소와 함께 다시 상대방과 시선을 맞춘다.

### 인사의 종류

우리나라에서는 몸의 중심인 허리를 굽히는 방법으로 인사하여 마음의 깊이를 전달하는 경향이 있다. 허리를 굽히는 인사법은 서양의 악수나 포옹에 비해 동양적인 색채가 강한 겸손의 미덕이 느껴지는 인사법이다.

#### ① 목례目禮

가벼운 인사로써 서로 눈이 마주쳤을 때 말없이 고개를 숙이며 눈으로 하는 인사를 말한다. 경우에 따라서는 인사를 생략하여도 큰 무리가 따르지 않는 승강기나 화장실과 같이 좁은 공간이나 지극히 개인적인 장소에서 하는 것이 보편적이다. 또한, 통로나 복도에서 고객과 마주칠 경우 15도 정도 허리를 굽혀 웃는 얼굴로 고개를 살짝 숙이는 것이 좋다. 자주 마주치는 동료의 경우 그냥 지나치는 것보다는 목례를 한다면 보다 좋은 매장 이미지를 연출할 수 있다.

## ② 보통례

가장 자연스럽고 일반적인 인사방법으로 두 다리를 모으고 손은 계란 쥔 듯이 하여 팔을 내려 몸에 살짝 닿게 하고 허리를 30도 정도 굽힌다. 이는 고객을 맞이하거나 배웅할 때 적당하며 인사말은 "안녕하십니까? 어서 오십시오", "감사합니다. 안녕히 가십시오"가 가장 일반적이다.

## ③ 정중례

정중히 사과하거나 귀빈이나 행사의식 등에서 감사의 마음을 전달하는 인사이다. 인사방법은 상체를 45도 정도 앞으로 깊이 숙여 "대단히 고맙습니다", "대단히 죄송합니다"라는 멘트와 함께 정중함을 표현한다.

## ④ 적절한 인사말

인사를 할 때 적절한 인사말을 함께 하는 것이 좋다. 인사말은 되도록 상투적인 표현은 피하고 간결하면서도 자연스럽게 한다. 고객의 관심이 어디에 있는지 잘 생각한 후 화제를 선택하고, 분위기에 어울리는 말이나 표현을 쓴다.

- 자주 방문하는 고객: "어서 오십시오", "그동안 안녕하셨습니까?"
- 머뭇거리는 고객: "안녕하십니까?, 무엇을 도와드릴까요?"
- 고객에게 사과할 때: "고객님, 대단히 죄송합니다."
- 고객에게 반복해서 물을 때: "죄송합니다만, 다시 한 번 말씀해 주시겠습니까?
- 안내할 때: " 이쪽으로 오시겠습니까? 제가 도와드리겠습니다."
- 지나가다 부딪혔을 때: "죄송합니다. 실례했습니다."

## 고객응대 매뉴얼

## 영접인사

고객이 매장에 방문 할 경우 다른 업무를 보고 있는 중이라도 멈추고 진심을 담아 고객을 반갑게 맞이하는 인사를 해야 한다. 인사는 첫 인상을 좋게 심어줄 수 있고 모든 인간관계에 기본적인 예절이기 때문에 매우 중요한 과정이라 할 수 있다. 고객의 영접은 고객이 구매하고자 하는 식음료에 부가된 서비스의 시작으로서 서비스의 가치를 향상시켜주는 역할을 한다. 따라서 매장의 입구에서 고객이 도착하면 친절하게 영접하고 일행을 파악하여 신속하게 고

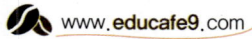

객을 안내할 수 있도록 한다. 밝은 얼굴로 고객을 반갑게 맞이하며 정중하고 마음을 담은 인사말을 해야 하며 외국인의 경우 국적에 맞는 인사를 한다면 더욱 좋다. 또한 의례적인 인사말이 아닌 독특한 환영인사는 처음 방문하는 고객의 관심을 끌 수 있고 고객에게 친밀감을 느끼게 해줄 수 있다.

## 안내방법

홀 서비스 종사자는 고객에게 자리를 안내하기 전에 앞서 매장 내 좌석상태를 미리 파악 하여 효율적으로 좌석배정을 할 수 있도록 해야 한다. 또한, 고객을 안내할 때 고객이 앉고자 하는 자리로 우선 안내하는 것이 좋으며 단체 손님일 경우 모임의 리더를 목표로 자리를 안내하도록 한다. 안내용어의 순서는 다음과 같다.

- 어서 오십시오. 몇 분이십니까?
- 이쪽으로 안내해드리겠습니다.
- 이쪽자리에 앉으십시오.

고객을 적절한 테이블로 안내하는 것은 고객으로 하여금 즉각적인 환영을 느끼게 하며 기분을 좋게 만든다.

- 지정된 테이블로 고객을 안내할 경우 고객 우측 2~3보 전방에서 이동하면서 손바닥을 펴고 손등이 아래로 내려오도록 방향을 제시한다.
- 예약고객이 아닐 경우, 인원수를 파악한 후 고객이 원하는 테이블로 안내한다.
- 다른 고객에게 방해가 되지 않도록 복잡하지 않는 동선을 이용한다.
- 외국인이나 호화로운 고객은 홀의 중앙으로 안내하여 시선을 끌도록 유도한다.
- 어린이나 노인을 동반한 경우에는 특별히 신경을 쓰고 신체부자유자는 출입이 용이한 곳으로 배정한다.
- 여인이나 혼자인 고객은 벽 쪽의 전망이 좋은 창가로 안내한다.
- 매장의 한쪽으로 편중 되지 않도록 좌석을 배치한다.

### 단체 예약고객의 경우

단체 예약 고객들이 모두 모이실 때까지 고객대기실로 안내하여 지루하지 않도록 세심하게 배려하도록 한다. 단체고객이 예약되어 있는 경우 예약한 고객들이 모두 모이기 전까지 테이블 입구나 대기실에서 잠시 기다리며 담소를 나눌 것을 권장한다. 고객이 대기시간을 지루하게 느끼지 않도록 주의를 기울이며 여성고객의 경우 두꺼운 외투나 소지품 등을 받아서 보관하도록 한다.

### 좌석이 없을 경우

좌석이 없을 경우 진심어린 태도로 양해를 구한 후 대기 예상시간을 알려주어 고객의 불편을 최소화 한다. 고객은 예약 없이 찾아오기도 하고, 갑작스런 계획의 변동으로 사전에 예약한 고객에게 결례를 하게 되어 본의 아니게 고객에게 섭섭함을 주는 경우가 종종 있다. 이러한 경우 진심으로 양해를 구하고 고객에게 최선을 다하고 있다는 느낌을 주도록 해야 한다. 또한, 기다려야 하는 예상시간을 미리 알려주고 편안하게 기다릴 수 있는 장소로 안내하여 기다리는 동안 고객이 지루함을 느끼지 않도록 신문이나 잡지 등을 제공한다. 빈 좌석이 나면 기다리는 고객의 순으로 안내를 하고, 만약 고객의 사정으로 인하여 기다릴 수가 없으면 타 매장으로 안내해 주도록 한다.

### 착석방법

매장에서 홀 서비스 담당직원은 모임의 특성과 동행인을 잘 파악하여 편안하게 안착할 수 있도록 돕는 역할을 한다. 또한, 중요한 모임일 경우에는 사전에 좌석을 배치해두고 이름표를 올려놓는 것이 좋다. 나이와 지위를 우선으로 상석으로 안내하되 같은 조건이면 여성을 우선시하는 것이 매너다.

- 모임의 특성과 고객유형을 잘 파악하여 좌석을 배치하고 장애인, 어린이, 여성, 노약자를 동반한 고객일 경우에는 우선적으로 착석할 수 있도록 돕는다.
- 테이블에 도착하면 고객이 착석하기 편하도록 의자를 빼드리며, 여자고객의 경우 두 손과 한 발을 이용하여 의자를 밀어드린다.
- 착석이 완료되면 메뉴판을 제시하고 담당 서비스직원이 간단하게 인사를 한다.
- 리셋업$^{Reset \cdot up}$이 되지 않은 테이블로 고객을 안내해서는 안 된다.

### 고객과의 대화 방법

고객과의 성공적인 대화는 고객의 마음을 헤아리고 그 입장을 이해하는 것에서 시작된다. 날씨와 같은 일상적인 화제, 어린이를 동반한 고객에게는 아이에 대한 관심으로 대화를 시작하는 것도 고객에게 친근하게 다가갈 수 있는 하나의 방법이다. 부정적인 언어는 가급적 피하고 긍정적인 공감의 말을 사용하여 진지하게 경청하는 태도로 대화하는 것이 좋다. 고객과 대화에서 사용되는 언어는 곧 서비스의 수준으로 연결됨을 기억하고 예절을 갖춘 대화능력이 필요하다.

### 대화의 요령

고객과의 대화에서 가장 중요한 부분은 바로 고객의 마음을 끄는 것이다. 하지만 처음부터 상대방의 마음을 읽기란 쉬운 일이 아니므로 시작은 기본적으로 준비된 멘트를 사용하는 것이 좋다. 생각과 준비 없이 말을 할 경우 의도하지 않게 고객의 마음을 상하게 하는 경우가 있으므로 신중하게 대화할 수 있도록 해야 한다. 대화는 기본적으로 밝고 상냥한 목소리에 표준어를 구사하며 알아듣기 쉬운 표현을 사용한다. 이 외에 발성, 발음, 화제선택, 예절 등의 여러 요인이 있지만 먼저 마음으로 고객에게 편안함을 줄 수 있는 분위기 속에서 단어의 선택을 신중히 하여 정확히 표현할 수 있는 습관을 길러야 한다. 또한 일상적인 대화 속에서도 고객과의 관계를 잊지 말며 지나치게 긴 대화는 삼가야 한다. 외국인과의 대화 시에는 대화의 내용을 정확히 이해하고 대답하며, 고객의 말을 잘 이해하지 못했을 경우에 다시 질문하여 고객이 원하는 바를 잘 파악하도록 한다.

### 대화의 원칙

서비스 제공 시 고객과의 대화에는 방법이나 규정이 정해져 있는 것이 아니다. 고객에 대한 따뜻한 마음가짐, 고객의 입장을 이해하려는 진심으로 때와 장소 및 상황<sup>TPO: Time, Place, Occasion</sup>에 알맞은 내용이라면 얼마든지 고객에게 감동을 줄 수 있다.

- 대화에는 항상 밝은 표정과 미소를 곁들이고 표준어와 존대어를 사용해야 한다.
- 대화는 고객의 수준에 알맞은 내용으로 간결하고 이해하기 쉬우며 시사성 있고 시간과 계절에 맞는 언어를 사용한다.
- 고객의 관심사를 신속하게 파악하여 흥미 있는 대화와 화제의 공통점을 찾고, 불쾌할 수 있는 농담이나 저속한 언어의 사용은 금한다.
- 실수는 솔직하게 시인하고 가능하면 변명하지 않고 양해를 구한다.
- 고객의 말을 끝까지 경청하여 고객의 입장에서 이해하도록 해야 한다.
- 명령형보다는 의뢰형으로, 부정형보다는 긍정형으로 표현한다.
- 고객의 반응을 주시하면서 대화를 한다.
- 고객의 이야기를 방해하지 말고 경청하는 습관을 기른다.

### 주요 서비스 접객 용어

- 안녕하십니까?
- 어서 오십시오.
- 감사합니다.
- 잠시만 기다려 주십시오.
- 기다리게 해서 죄송합니다.
- 또 오십시오.

## 상황에 적합한 고객응대화법

- 고객에게 질문할 때: 실례하지만, 성함이 어떻게 되십니까? 죄송합니다만, 누구를 찾아 오셨습니까?
- 고객에게 사과할 때: 대단히 죄송합니다. 실례했습니다.
- 고객에게 불평을 들을 때: 정말 죄송합니다. 많이 불편하셨죠? 곧 조치해 드리겠습니다.
- 대기 시간이 길 때: 오래 기다리게 해서 대단히 죄송합니다.
- 고객을 기다리게 할 때: 죄송합니다만, 잠시만 기다려 주십시오.
- 고객에게 수고를 끼칠 때: 죄송합니다만, 이곳은 금연구역입니다.
- 고객에게 모르는 질문을 받았을 때: 잠시만 기다려 주시면 담당자에게 연락해 드리겠습니다.

## 환송방법

환송은 고객과의 직접적인 접촉이 종료되는 시점으로 서비스가 잘 마무리 될 수 있도록 한다. 고객에게 이용에 대한 감사를 표시하며, 반드시 만족도를 확인해야 한다. 이 과정에서 고객이 불만을 표시 할 경우 당황하지 말고 고객의 의견을 경청하며 향후 검토를 위해 메모를 해두는 것이 좋다. 고객의 불만족 표시는 서비스가 한층 향상될 수 있는 단서가 되며 재방문의 효과를 얻을 수 있기 때문에 겸허한 자세로 받아들여야 한다. 고객이 떠날 때는 출구 쪽을 향해 방향을 제시하고 정중히 배웅한다. 특히, 고객들을 영접할 때는 친절한데 반하여 고객이 떠날 때에는 소홀히 대했다는 인상을 주지 않도록 최선을 다해 고객을 환송하는 것이 중요하다.

## 전화 응대법

전화는 정보화 시대의 업무에서 필수적인 의사교환 수단으로서 전화 응대 능력을 향상시키는 것은 곧 업무능력의 향상과 직결된다. 전화응대의 기본적인 원칙은 친절, 신속, 정확으로 항상 친절하고 예의 바르게 대처할 수 있도록 한다. 전화응대는 매장을 한 번도 방문하지 않은 고객에게 매장의 이미지나 신뢰도를 결정지을 수 있는 중요한 요소이며 매장에서의 서비스 제공과 동일하게 진행되어야 한다. 또한 전화응대는 음성에만 의존해 오해가 생길 수 있으므로 고객의 말을 경청하여 고객의 요구를 잘 파악할 수 있도록 해야 한다.

- 고객의 시간, 장소, 상황 등을 고려한다.
- 식사시간이나, 너무 이른 시간, 심야시간은 피한다.
- 통화할 용건과 순서를 메모해둔다.
- 상대방의 전화번호, 소속, 성명, 직함 등을 다시 확인한다.
- 상대가 받으면 바로 매장명, 담당자 이름을 말한다. "감사합니다" 매장명 ○○○입니다.
- 용건은 간단 명확하고 순서 있게 전하고 주요 결정사항들은 재확인한다.

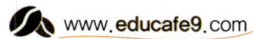

- 통화에 대한 감사인사를 하고 상대방이 윗사람일 경우를 제외하고는 원칙적으로 건 쪽에서 먼저 통화를 종료한다.

### 전화를 받는 방법

전화로 고객을 응대할 때는 실제 고객을 마주한다는 생각으로 밝은 미소와 적절한 자세를 유지 한다. 전화는 벨이 3번 이상 울리지 않게 신속히 받고 중요한 용건은 반복 복창하여 확인하며 메모한다.

- 전화벨이 3회 이상 울리기 전에 받는다. 3번 이상 벨이 울리면 고객은 불만을 가질 수 있다. 고객을 기다리지 않게 하는 것이 최고의 예우이다.
- 벨이 3번 이상 울렸을 경우에는 "늦게 받아 대단히 죄송합니다."라고 양해를 구한다.
- 전화 받기 전, 인사말과 소속부서 및 성명을 명확히 밝힌다.
- 이해하기 어려운 부분은 납득이 갈 때까지 정중히 질문하고 일시, 요일, 고객 성명, 금액 등 중요사항들은 메모하여 내용을 재확인한다.
- 잘 모르는 내용인 경우에는 양해를 구한 다음 담당자를 바꾸어 주거나 확인하여 연락드릴 것을 약속한다.
- 상황에 따른 적절한 끝 인사말과 나에게 온 전화가 아니더라도 감사의 표현과 인사말을 잊지 않는다.
- 상대방이 먼저 끊은 뒤에 조용히 수화기를 내려놓는다. 상대가 전화를 끊기 전에 내가 먼저 끊어버리는 것은 상대방에게 무례한 느낌을 줄 수 있다.

### 전화를 연결하는 방법

전화를 연결할 때 기다리라는 멘트 후, 장시간 동안 고객을 방치하지 않는다. 만약 장시간 기다려야 할 경우 양해를 구하고 고객에게 다시 연락을 취하도록 한다.

- 찾는 사람이 있을 경우 기다리도록 양해를 구하고 전화에 감사 표시를 한 후 조용히 전화기를 내려놓는다.
- 연결 중 끊어 질 것을 대비하여 상대가 원하는 사람의 직통번호를 알려준다.
- 바로 전화가 불가능 할 경우 양해의 표현과 함께 메모를 받아 전화를 드릴 수 있도록 한다.
- 담당자가 부재중일 때 사유를 알려주고 용건을 정중히 묻는다.

### 전화를 거는 방법

자신의 이름과 소속을 정확히 밝힌 후 용건을 간결하고 명확하게 전달하도록 한다. 용건이 끝나면 정중하게 끝인사로 마무리 한다.

## 커피음료 주문 받기 및 계산하기

### 메뉴주문의 이해

주문이란 메뉴라는 매개체를 통해 행해지는 고객의 구매행위이며 주문을 받는 것을 판매행위라 한다. 고객들은 대부분 미리 염두에 두고 메뉴를 주문하지만 서비스 종사자의 추천에 의존하는 경우가 더러 있으며 이는 매출증진으로 이어질 수 있다. 따라서 서비스 종사자는 메뉴에 대한 내용을 파악하고 사전 지식을 쌓아 고객으로부터 합리적인 주문을 받을 수 있도록 하며 매장의 이익을 도모할 수 있는 역할을 해야 한다. 주문을 받을 때는 항상 예의를 갖추고 정중한 자세로 임하며 고객의 요구를 정확하고 파악할 수 있어야 한다.

### 커피음료 주문

커피음료 주문에 있어 가장 중요한 것은 고객의 취향에 맞는 적당한 음료를 추천하는 것이다. 음료를 고객에게 추천하려면 먼저 메뉴에 있는 모든 음료에 대한 자세한 내용을 숙지하고 있어야 하며 고객의 문의에 적절히 대응할 수 있어야 한다. 고객이 요구하는 음료를 정확하게 주문 받고 결정을 망설이는 고객에게 적절한 메뉴를 추천하는 능력은 매출신장에 도움이 된다. 만약 메뉴에 대한 정보를 제대로 갖추지 못한다면 고객에게 신뢰감을 줄 수 없고 원활한 업무에도 지장을 줄 수 있다. 음료를 추천할 때에는 고객에게 간단하면서도 이해하기 쉽게 설명하며 주문한 내용을 반드시 반복하여 확인해야 한다.

### 음료주문의 절차

음료주문을 받을 때에는 적은 수라도 반드시 메모를 하거나 포스에 기록할 수 있어야 하며 상황에 맞게 절차를 잘 따라야 한다. 고객에게 날씨나 그 날의 이슈와 같은 주제를 기반으로 가벼운 대화Small Talk를 나누어도 좋다. 고객의 대기시간이 있는 커피전문점의 경우, 고객과 나누는 가벼운 대화가 고객과의 관계를 시작하는데 결정적인 역할을 하며 좋은 인상을 줄 수 있어 매출향상에 도움을 준다. 제공될 수 있는 메뉴의 재료나 주방의 상황을 파악하여 메뉴를 제시하고 고객에게 선택할 수 있는 시간적 여유를 충분히 준다. 고객이 원한다면 만족스

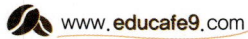

럽게 선택할 수 있도록 메뉴에 대한 정보를 제공함으로서 도움을 주어야 한다. 또한, 주문받은 메뉴는 반드시 복창하여 재확인 하도록 한다. 메뉴주문이 끝나면 화장실이나 비상구 위치 등을 고객에게 안내하도록 한다. 주문을 받는 절차를 매뉴얼화 하면 다음과 같다.

- 고객이 메뉴에 대해 질문했을 경우 기본적인 설명을 할 수 있도록 메뉴의 특징을 잘 숙지하고 있어야 한다.
- 고객이 착석한 후 약간의 시간적 여유를 준 후 메뉴판을 테이블에 놓는다.
- 메뉴의 품절여부와 준비시간을 미리 파악해둔다.
- 고객의 1~2보 앞에서 기다리되 재촉하고 있다는 느낌을 주지 않도록 주의한다.
- 주문받은 사항은 침착하게 메모한 후 복창하며 재확인하여 실수가 없도록 한다.
- 준비가 안 되는 메뉴를 요구할 경우 부정적인 말을 피하고, 고객이 불평하지 않도록 유도한다.
- 주문을 받은 후에는 바로 돌아서기보다는 주문에 대한 감사함을 표시하고, 시간이 걸리는 메뉴는 양해를 구한다.
- 간단한 목례와 함께 테이블에서 물러 나온다.

## 음료의 추천요령

음료를 추천할 때에는 고객의 성향을 신속하게 파악하여 구매의욕을 자극하고 고객의 입장과 매장의 상황에 맞게 합리적으로 할 수 있도록 한다. 고객은 메뉴를 선택하기 전 메뉴에 대한 정확한 정보가 없기 때문에 망설일 수 있다. 이때 서비스 종사자는 고객의 구매의욕을 자극할 수 있는 음료에 대한 적절한 정보를 주어야 하는데 주의해야 할 점은 고객에게 강매하고 있다는 느낌을 주지 않도록 해야 한다는 것이다. 자주 방문하는 고객일 경우 고객이력카드 Guest history를 작성하여 맞춤 서비스를 제공한다면 만족도를 더욱 높일 수 있다.

- 고객이 음료를 선택하지 못하고 망설일 경우 분위기에 따라 적극적으로 추천한다.
- 추천 상품은 주로 오늘의 특별음료 또는 수익성이 높고 재고가 많은 품목을 우선적으로 추천한다.
- 고정고객인 경우 고객의 취향을 고려하여 고객에게 가장 적합한 품목을 추천한다.
- 추천하고자 하는 품목의 특징을 구체적으로 설명하여 고객에게 잘 전달되도록 한다.

## 계산

고객계산서 작성 및 계산방법은 다음과 같은 정산 방법이 있다. 계산서를 제공하기 전 테이블 번호와 제공된 음료의 품목과 수량 및 가격을 정확히 하여 고객과 불미스러운 일이 발생하지 않도록 유의한다.

### 현금지불

고객이 지불한 금액과 계산서 상의 합계액을 비교 체크하여 영수증과 함께 고객에게 드린다.

### 신용카드 Credit card

먼저 계산서를 제시하고 카드를 요구한다. 고객에게 사인을 받은 후 영수증과 함께 카드를 돌려드린다.

### 쿠폰 Coupon

마케팅의 한 방법으로 음료를 주문할 경우 현금을 대체할 수 있도록 발행된 증표를 말한다. 매장에서 음료를 구입할 경우, 쿠폰이 제공되기도 하며 고객은 쿠폰을 모아서 가격을 할인 받거나 무료음료를 제공 받기도 한다.

### 포스 POS 시스템

POS 단말기란 종전의 금전등록기, 온라인 단말기와 PC의 기능을 복합한 것으로 매장의 주문처리 시스템과 메인컴퓨터를 연결하는 기능을 갖추어 매출 정보와 상품 정보를 필요 시 즉시 조회할 수 있는 전용기기이다.

① POS시스템 Point of sales system 이란?

　판매정보를 집중적으로 관리하는 체계, 점포판매 시스템이다.

② POS시스템의 3요소

- POS 단말기 Terminal: 금전 등록기의 역할
- 미들웨어 Middleware: POS 단말기에서 발생된 데이터를 메인 서버에 전달하는 통신 부문
- 메인 서버 Main Server: 전달된 데이터를 수집, 보관, 집계, 분석

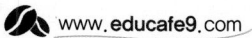

### ③ POS시스템의 특징

- 온라인 시스템: 매장에서의 각종 거래 발생과 동시에 데이터를 서버에 입력하고 필요한 정보를 즉시 수록한다.
- 실시간 시스템: 필요한 모든 데이터를 판매 시점에서 실시간으로 파악하여 활용할 수 있다.
- 집중관리 시스템: 여러 대의 POS단말기를 운용하는 경우, 매장 POS단말기의 가동상태와 에러 및 정산 상황 등을 메인서버에서 집중관리 할 수 있다.
- 거래정보 수집: 현금, 신용카드, 미결, 취소, 할인 등 거래에 관한 모든 정보 및 각 상품별 정보파악이 가능하다.

### ④ POS시스템의 도입목적

- 매출등록 시간을 감축하고 등록오류 감소로 합리적인 매출관리를 할 수 있다.
- 간편하고 신속하게 정산 업무를 처리할 수 있다.
- 신용카드 업무의 획기적 개선이 가능하며 불량고객 (승인거부자)을 즉시 판별하여 불량매출을 사전에 방지한다.
- 다양한 정상고객 확인 기능을 갖추고 있으므로 고객서비스를 개선할 수 있다.
- 전표를 작성할 필요가 없으므로 고객이 계산대에서 기다리는 시간을 줄여준다.
- 상품정보 및 영업정보의 활용에 따른 매출 극대화 다양한 분석으로 영업정보를 다양하게 활용할 수 있다.

### ⑤ POS시스템의 기대효과

- 매상 등록 시간이 단축되어 고객대기 시간을 줄일 수 있다.
- 매입, 매출, 재고, 입출금 관리를 통하여 고객만족도를 높일 수 있다.
- 전자주문 시스템과 연계하여 신속하고 적절한 구매를 할 수 있고 재고의 적정화, 물류관리의 합리화, 판촉 전략의 과학화 등을 가져올 수 있다.

## Chapter 03 커피음료 서빙하기

### 서빙업무의 이해

고객이 주문한 음료는 표준화된 고객응대 매뉴얼에 따라 어떠한 경우라도 정확하고 신속하게 제공되어져야 한다. 음료를 주문 받는 서빙 담당자는 현재 매장에서 제공 가능한 음료를 구체적으로 파악하고 있어야 하며 메뉴에 대한 지식이 풍부해야 한다. 또한 음료의 특성에 따라 제공되는 서비스 기물 및 사용방법을 정확하게 숙지하여 설명할 수 있어야 한다.

### 기물의 종류와 취급방법

식음료 매장에서 사용하는 기물은 그 매장의 분위기와 고객의 수준, 가격, 제공되는 식음료의 종류에 따라 달라진다. 각 매장마다 기물의 종류가 다양하지만 일반적으로 식음료매장에 필요한 비품은 기물류, 기구류, 린넨류, 장비류 등이 있다.

#### 서비스 쟁반<sup>Service tray</sup>

식음료매장에서는 손으로 전달하기 힘든 도기류 또는 글라스류를 안전하게 운반하기 위해 트레이를 사용한다. 전통적으로 은제류나 스테인리스<sup>Stainless</sup> 재질의 트레이를 많이 사용하였으나 보관상 어려움과 사용상 불편함 때문에 최근에는 플라스틱으로 만든 저렴하고 위생적인 트레이를 주로 사용한다. 트레이 종류와 취급요령은 종류에 따라 다음과 같다.

#### ① 원형 트레이<sup>Round tray</sup>

매장에서 가장 많이 사용되고 있는 종류로 보통 30~50cm크기가 적당하다. 음료를 운반할 때에는 미끄러지는 것을 방지하기 위해 천<sup>Cloth</sup>이나 매트<sup>Mat</sup>를 깔고 사용하는 것이 안전하다.

#### ② 직사각형 트레이<sup>Rectangular tray</sup>

직사각형 트레이는 많은 기물을 동시에 운반할 수 있는 장점이 있어 연회행사 때 한꺼번에 음식을 서브하거나 사용한 기물을 대량으로 치울 때나 사용한다.

③ 사각형 트레이<sup>Square tray</sup>

타원형 트레이와 같이 고객에게 음료나 식사를 동시에 제공할 때 주로 사용한다. 사각형 트레이 역시 은제품으로 된 것이 많으며 쟁반에서 후식을 제공할 경우, 특별행사의 테이프 커팅<sup>Tape cutting</sup>, 쟁반 위에서 고객에게 직접 서브 하는 용도로 사용한다.

④ 타원형 트레이<sup>Oval tray</sup>

격이 높은 식당에서 서비스할 때 사용되는 트레이로 대개 은제품으로 된 것이 많다. 서비스에 필요한 음식이나 기물을 쟁반 위에서 고객에게 직접 서브할 경우 사용한다.

## 트레이 취급법

- 트레이는 반드시 왼손으로 들고, 한 손으로 쥐고 흔들거나 옆구리에 끼고 매장 안을 다녀서는 안 된다.
- 트레이를 들 때는 손을 넓게 편 다음 손가락을 약간 오므려서 바닥의 중앙 부분을 받쳐 수평으로 든 후 팔은 몸에 붙이고 90도 직각으로 반듯하게 든다.
- 트레이에 기물을 올릴 때에는 안전상 중심 부분에 모이도록 하고, 내려놓을 때는 중심 외부의 것부터 먼저 내려놓는다.
- 사용된 기물은 소음이 나지 않도록 조용히 트레이에 담고, 부딪치는 일이 발생 하지 않도록 조심스럽게 매장의 전후좌우를 살피며 걸어야 한다.
- 트레이를 테이블에 올려놓고 서비스 하는 일은 없도록 한다.

### 스푼Spoon

스푼은 테이블에 제공되는 식음료를 음용하는데 사용하기 위한 기물로서 다음과 같은 종류가 있다. 스푼을 잡을 때에는 손잡이를 사용해야 하며 고객의 입이 닿는 부분에 절대 손을 대어서는 안 된다.

### 포크와 나이프Knife & Fork

테이블에 세팅된 포크와 나이프는 음식의 종류에 따라 그 사용법이 다르지만 밖에서 안으로 사용하면 무난하다. 오른손으로는 나이프, 왼손으로는 포크를 사용하는 것이 바람직하며 포크는 굽은 부분이 위로 향하게 하고 검지로 등을 누르는 것처럼 잡으면 된다. 나이프는 자루를 손바닥 중간 정도의 깊이로 쥐고 칼날이 안쪽으로 향하게 하여 검지로 누르듯 잡으면 된다. 음식물을 입안에 넣고 씹을 때는 포크와 나이프는 접시 위에 놓아두고 나이프를 직접 입안에 넣어서는 안 된다. 식사가 끝났을 경우에는 접시 중앙의 윗부분에 나란히 놓으면 된다.

### 기타 서비스 기물의 종류

- Bread, Ice tong: 빵 또는 얼음을 잡을 때 사용하는 집게이다.
- Bowls: 샐러드, 과일, 펀치 등을 제공할 때 사용속이 파인 모양이다.
- Cake, Pie server: 케이크와 파이 등을 서브할 경우 사용한다.
- Crumber: 테이블 위의 빵가루를 쓸어낼 때 사용한다.
- Holders: 종이 냅킨을 테이블에 비치할 때 사용한다.
- Pot: 커피, 차 등과 같은 뜨거운 음료를 제공할 때 사용된다.
- Water pitcher: 물을 제공할 때 사용한다.

### 기물의 세척방법 및 취급법

기물은 종류에 따라 높은 자산 가치를 지니는 것들이 있으므로 관리와 취급에 유의해야 한다. 사용된 기물을 세척하기 전 종류별로 구분하고 세척에 필요한 장비를 점검한다. 기물을 닦을 때는 종류별로 구분하고 반드시 포크부터 닦도록 한다. 또한, 포크의 손잡이를 헝겊으로 감싸 왼손으로 잡고 손으로 헝겊의 다른 끝을 잡고 특별히 삼지창의 안쪽 부분은 섬세하게 주의해서 닦는다. 손잡이 부분까지 닦기를 마치면 마른 천으로 닦아 종류별로 배열한다. 마지막으로 세척된 기물은 종류별로 구분하여 기물함에 보관한다.

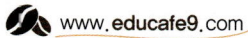

- 사용된 기물은 종류별로 구분하여 모아서 작업한다.
- 사용된 기물을 모은 다음 세척기에서 세척액을 사용하여 뜨거운 물로 세척을 하고, 기물을 종류별로 나눈다.
- 세척된 기물은 뜨거운 물에 담군 다음 세척한다.
- 얼룩이 생기지 않도록 물기를 제거해서 보관한다.
- 한꺼번에 여러 종류의 기물을 닦을 경우 포크부터 닦도록 하고 변색된 기물은 광택제를 사용하여 광택을 낸다.
- 세척과 닦기가 완료된 기물은 보관함에 가지런히 보관을 하고 테이블에 세팅을 할 때에는 손잡이 부분을 잡되 손자국이 나지 않도록 주의한다.

## 도기류<sup>Chinaware</sup> 서비스

### 도기류의 종류와 용도

- 쇼 플레이트<sup>Show plate</sup>: 음식을 담은 용기를 놓는 그릇으로 데코 역할을 하여 서비스 플레이트<sup>Service plate</sup>라고도 불린다.
- 브레드 플레이트<sup>Bread plate</sup>: 빵을 담는데 사용하며 보통 버터나 잼 등을 같이 올려놓는다.
- 애피타이저 플레이트<sup>Appetizer plate</sup>: 전채요리를 제공하는데 사용한다.
- 샐러드 플레이트<sup>Salad plate</sup>: 샐러드를 제공하기 위해 사용한다.
- 앙트레 플레이트<sup>Entree plate</sup>: 스테이크나 메인요리를 제공할 때 사용한다.
- 디저트 플레이트<sup>Dessert plate</sup>: 디저트를 제공할 때 사용한다.
- 컵: 음료를 제공할 때에 내용물을 담는다.

### 도기류 세척요령

도자기류는 기물 관리자가 직접 손이나 세척기를 이용하여 닦는데 업무의 효율성과 위생을 고려하여 다음과 같은 요령으로 취급한다.

- 사용한 기물은 기물 작업대에 품목별로 구별한 뒤 같은 종류의 기물을 랙<sup>rack</sup>에 담아 세척기에 넣어 세척을 한다.
- 세척이 완료된 기물은 온도가 매우 높기 때문에 화상에 주의하여 양손으로 마른 헝겊을 감싸 쥐고 접시를 회전시키면서 물기 없도록 깨끗하게 닦는다.
- 접시는 앞부분을 닦고 난 후 뒷부분을 닦고, 중앙부분을 닦을 때에는 왼손에 헝겊을 감싸서 접시를 들고 닦는다.
- 접시에 손이 닿지 않도록 주의하여 포개 놓고, 닦을 때에는 소음이 나지 않도록 주의한다.
- 도기류 전용세제와 부드러운 수세미를 사용하여 접시의 손상이나 탈색에 주의한다.

## 도기류의 취급방법

도기류는 다른 비품에 비해 깨지거나 금이 가기 쉽기 때문에 취급시 특별한 주의가 요구된다. 식기끼리 부딪치지 않도록 항상 조심스럽게 다루고 한꺼번에 많은 양을 운반하지 않도록 유의 한다.

- 접시를 쥔 왼손의 엄지손가락이 접시 테두리 안쪽을 넘어서는 안 되며 접시에 오점이나 이가 빠진 것은 없는지 확인하고 서브한다.
- 접시를 운반할 때에는 몸 안쪽으로 접시를 밀착하여 들고 전후좌우를 살피면서 걸어야 한다.
- 사용한 접시를 운반할 경우에는 왼손의 엄지를 접시 위로하고 나머지 손가락을 접시 밑으로 하여 잡는다.
- 접시에 로고가 있을 경우에는 고객이 보았을 때 정면으로 올 수 있도록 한다.

## 글라스류<sup>Glasseare</sup> 서비스

### 글라스의 종류와 용도

음료의 종류나 분위기에 따라 사용되는 글라스의 디자인이나 형태는 다양하다. 모양에 따른 글라스의 종류를 살펴보면 원통형 글라스<sup>Cylindrical glass</sup>와 스템 글라스<sup>Stemmed glass</sup>가 있다.

- bouillon spoon
- Dessert spoon
- Ice cream spoon
- Tea spoon
- Service spoon
- Soup spoon
- Sauce ladle
- Soup ladle
- Sugar ladle

- 위스키 글라스<sup>Whisky sour glass</sup>: 샷 또는 스트레이드 잔이라고도 하며 싱글표준 용량은 30ml, 더블표준 용량은 60ml이다.
- 칼린스 글라스<sup>Collins glass:</sup> 칼리스에 사용되며 용량은 360ml정도 된다.
- 올드 패션드 글라스<sup>Old fashioned glass:</sup> 일반적으로 온 더 락<sup>On the rock</sup>잔이라고도 불리며 위스키에 얼음을 첨가하여 마실 때 사용된다. 표준용량은 180ml다.
- 하이볼 글라스<sup>High ball glass:</sup> 텀블러라고 부르며 롱드링크에 사용되는 잔으로 용량이 8온스 240ml 정도 된다.

- 와인 글라스<sup>Wine glass</sup>: 와인용 글라스는 폭보다 길이가 길고 위(Top)와 밑 부분의 넓이가 비슷한 모양으로 글라스의 용량은 보통 5~6온스이며 레드와인 글라스가 화이트와인 글라스보다 크다.
- 쉐리 글라스<sup>Sherry glass</sup>: 쉐리 글라스는 쉐리와인을 마실 때 사용하는 잔으로 용량이 60~75㎖ 정도이다.
- 샴페인 글라스<sup>Champagne glass</sup>: 마시는 속도와 용도에 따라 입구부분이 넓은 소서형태와 가늘고 긴 플루트형태이며 표준크기는 150~200㎖ 이다.
- 브랜디 스니프터<sup>Brandy snifter</sup>: 브랜디 전용잔으로 용량은 240~300㎖ 정도다. 손으로 잔을 감싸면 따뜻하고 향기를 음미하며 마실 수 있으며 림이 좁은 이유는 향을 모으기 위해서다.
- 리큐르 글라스<sup>Liqueur glass</sup>: 리큐르종류를 마실 때 사용하는 잔으로 코디알이라고도 부른다. 30㎖ 용량에 짧은 스템을 가지고 있다.
- 고블렛<sup>Goblet</sup>: 물이나 소프트 드링크류를 마실 때 주로 사용하는 잔으로 240~300㎖의 용량을 가진다.
- 아이리스 커피 글라스<sup>Irish coffee glass</sup>: 아이리스 커피나 알코올성 커피를 제공하는 글라스이며 180㎖ 용량이다.

## 글라스류의 세척 방법

사용한 글라스를 세척할 경우 우선 세척 전에 컵의 손상여부를 확인한다. 또한 많은 양의 글라스를 세척할 때는 글라스 랙<sup>Glass rack</sup>을 이용하는 것이 좋다. 세척된 글라스는 뜨거운 물의 수증기에 쏘여서 글라스 타월로 지문이나 오물이 묻지 않도록 청결하게 닦는다.

- 세척을 할 때는 윗부분부터 내·외부를 닦은 후 손잡이 부분과 밑바닥의 차례로 한다.
- 글라스류를 닦을 때에는, 왼손에 냅킨을 얹고 그 위에 글라스를 올린다. 타월의 한 쪽 부분을 글라스 안으로 넣고 무리한 힘을 가하지 않은 상태에서 엄지손가락을 넣어 가볍게 돌려가며 닦는다.
- 수증기를 쏘여도 얼룩이 닦이지 않을 경우에는 뜨거운 물에 담근 후 다시 닦는다.
- 닦은 글라스는 밝은 쪽으로 들어 올려 먼지 또는 얼룩이나 물 자국 등이 없어졌는지 철저히 점검해야 한다.

## 글라스류의 취급방법

글라스류는 다른 기물에 비해 파손의 위험이 높기 때문에 각별히 조심해서 취급해야 한다. 따라서 정확하게 사용 용도별로 분류해 매장에서 취급 시 신중하게 다루어야 한다.

- 글라스를 들 때 목이 있는 글라스는 반드시 목을 잡고 서비스하고, 손잡이가 있는 글라스는 손잡이 부분을 잡도록 한다.
- 글라스를 옮길 때에는 글라스 안에 손가락을 집어 잡지 않도록 하고, 반드시 트레이를 이용한다. 또한, 글라스가 미끄러지지 않도록 트레이에 매트나 냅킨을 깔아 무게의 중심이 한쪽으로 쏠리지 않도록 중심 자리부터 글라스를 배치한다.

- 빈 글라스를 옮길 때에는 트레이에 담거나, 손가락에 끼워서 글라스끼리 최대한 부딪치지 않도록 조심한다.
- 고객의 입에 직접 대고 사용하는 기물이므로 글라스의 윗부분은 손으로 잡는 것을 금하고, 얼룩이 생기지 않도록 항상 깨끗이 닦아서 사용해야 한다.

## 웨곤<sup>Wagon</sup>, 카트<sup>Cart</sup>, 트롤리<sup>Trolley</sup>

웨곤과 카트류는 바퀴가 달려 있어 이동이 가능한 테이블로 식음료 서비스를 신속하게 제공하기 위한 목적으로 사용된다. 웨곤은 고객 테이블 옆에 붙여 놓고 각종 식음료 서비스를 보조해 주는 역할을 하는데 비해 카트는 단순한 운반용 도구로 사용된다. 사용할 때 다음과 같은 안전관리 사항을 준수해야 한다.

- 양손으로 안전하게 밀면서 이동하고 이동 중에는 가능한 소리가 나지 않도록 유의하고, 운전자의 체중을 싣지 말아야 한다.
- 카트에 한꺼번에 많은 양의 비품이나 식음료를 싣지 않는다.
- 이동시 벽이나 테이블 등에 부딪치지 않도록 한다.
- 식음료는 반드시 상단부분에 싣고, 그 밖의 다른 준비물은 하단부에 싣는다.
- 사용 후에는 반드시 정해진 위치에 보관하도록 한다.

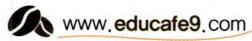 

**Chapter 04**

# 커피음료 서비스하기

## 서비스의 순서와 음료 제공

### 음료를 주문 받을 때

- 친절한 미소와 밝은 표정으로 시선을 맞춘다.
- 먼저 "실례 하겠습니다"라는 멘트를 사용한다.
- 정확한 존칭어를 사용한다.
- 메뉴판은 점포의 얼굴이므로 항상 깨끗하게 관리한다.
- 메뉴 설명 시 이해하기 쉬운 단어를 사용하고 손을 펴서 손바닥이 위로 오도록 하여 메뉴명을 가리키고 행사상품이 있으면 안내한다.
- 제공되는 음료의 종류를 정확히 알고 있어야 한다.
- 제공되지 못하는 음료가 있다면 변명보다는 사과를 드리고 대체메뉴를 추천 할 수 있어야 한다.
- 정확한 메뉴명과 메뉴 개수를 파악해야 한다.
- 사이즈(숏$^{Short}$, 톨$^{Tall}$, 그란데$^{Grande}$, 벤티$^{Venti}$ 등)를 정확히 확인한다.
- 샷 추가를 확인하며 추가 시 비용 발생에 대한 안내를 해야 한다.
- 시럽 유무를 확인하며 추가 시 비용 발생에 대한 안내를 해야 한다.
- 메뉴의 특이 사항을 전달한다(매우 뜨거운 음료, 섞어서 마셔야 하는 음료).
- 추가 물품 구입 항목이 있는지 체크한다.
- 메뉴가 준비되는 시간과 메뉴가 나오는 곳에 대한 정보를 제공한다.
- 영업 전 판매품목과 품절상품 및 그 날의 주력상품을 숙지하여 주문 시 착오가 없도록 한다.

## 음료를 고객에게 드릴 때

- "실례 하겠습니다." 라는 멘트를 사용한다.
- 나온 메뉴에 대해 정확히 설명한다.
- 음료를 순서에 맞게 제공한다.
- "맛있게 드십시오." 또는 "좋은 시간 보내십시오." 라는 적절한 말과 함께 음료를 제공한다.
- 여자 고객에게 먼저 제공하고 남자 고객에게 제공한다.
- 연장자에게 먼저 제공하고 한쪽 방향으로 제공한다.
- 따뜻한 음료, 차가운 음료 순서로 제공한다.

## 추가 요구 사항

- 금연실 및 흡연실에 대한 문의
- 담요에 대한 문의
- 와이파이에 대한 문의
- 커피 리필 여부에 대한 문의
- 커피 메뉴의 온도 및 맛에 대한 문의
- 물 혹은 추가 시럽첨가에 대한 문의

## 서빙

- 잔을 잡을 시 입이 닿는 부분을 손으로 잡지 않는다.
- 손잡이는 고객의 오른쪽 방향으로 있어야 한다.
- 잔을 테이블에 놓을 때 소리가 나지 않도록 해야 하며 내용물이 흐르지 않도록 해야 한다.
- 잔에 얼룩이나 이물질이 있으면 안 된다.

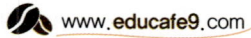

## 커피메뉴의 종류

**룽고**<sup>Lungo</sup>

롱(long)의 의미: 추출시간을 길게 하여 양이 많게(40~50ml) 추출된 에스프레소

**에스프레소 마키아토**<sup>Espresso macchiato</sup>

Macchiato: 점, 얼룩. 에스프레소 위에 우유거품을 2~3스푼 올려 에스프레소 잔에 제공

**카페 콘 판나**<sup>Caffe con Panna</sup>

Con=with, Panna=cream: 에스프레소에 휘핑크림을 넣어 만든 메뉴

**카페 프레도**<sup>Caffe Freddo</sup>

Freddo = 차갑다(이탈리아어): 에스프레소를 얼음이 담긴 잔에 부어 만든 메뉴

**카페라떼**<sup>Caffe latte</sup>

에스프레소 + 우유: 카푸치노보다 좀 더 많은 우유, 거품은 없거나 아주 조금만 첨가

**카푸치노**<sup>Cappuccino</sup>

에스프레소 + 우유 + 우유거품: 150~200ml 크기 잔에 제공, 시나몬 파우더(계피 가루)가 필수로 들어가는 것은 아님

**카페오레**<sup>Café au Lait</sup>

프렌치 로스트한 커피를 드립으로 추출 + 데운 우유

**카페 모카**<sup>Caffe mocha</sup>

Mocha = 초콜릿: 에스프레소 + 초콜릿 시럽(소스) + 데운 우유 + 휘핑크림 + 초콜릿 시럽, 파우더

**카페 꼬레또**<sup>Caffe Corretto</sup>

꼬냑 등의 알코올류를 첨가한 에스프레소 메뉴

**카페 샤커레토** <sup>Caffe shakerato</sup>

Shakerato = shaking : 에스프레소 + 물 + 얼음 → shaking

**카페 로마노** <sup>Caffe Romano</sup>

Romano = Lemon : 에스프레소에 레몬즙이나 껍질 등은 넣은 메뉴

**카페 알렉산더** <sup>Cafe Alexander</sup>

아이스커피 + 브랜디 + 카카오 크림

**모카치노** <sup>Mochaccino</sup>

카푸치노 + 초콜릿(시럽 or 소스)

**카페 아란치아타** <sup>Cafe Aranciata</sup>

에스프레소 + 오렌지 주스

**아포카토** <sup>Affogato</sup>

에스프레소 + 젤라또(아이스크림)

**카페 로얄** <sup>Cafe Royal</sup>

에스프레소 + 브랜디 : 왕족의 커피, 나폴레옹이 즐겨 마셨던 음료

**카페 지뉴** <sup>Cafè Zinho</sup>

주전자에 물을 끓여 설탕, 커피를 넣고 천 드립으로 찌꺼기를 걸러낸 후 데운 우유를 섞어서 마시는 브라질의 커피음료

**아이리시** <sup>Irish Coffee</sup>

블랙커피와 위스키를 3:2의 비율로 잔에 부은 다음, 갈색 설탕을 섞고 그 위에 두꺼운 생크림을 살짝 얹은 커피

### 깔루아<sup>Kahlua</sup>

테킬라, 커피, 설탕을 주성분으로 만들어진 멕시코산의 커피 리큐르<sup>Liqueur</sup>

### 에스프레소 솔로<sup>Espresso solo</sup>

이탈리아에서 보통 카페<sup>Caffe</sup>라 하며, 25~30ml의 커피를 데미타세<sup>demitasse</sup>라는 컵에 제공

### 도피오<sup>Doppio</sup>

더블 에스프레소<sup>Double espresso</sup>, 투 샷<sup>Two shot</sup>, 더블 샷<sup>Double shot</sup> : 사용하는 커피의 양, 추출된 커피의 양이 솔로의 두 배

### 리스트레또<sup>Ritsretto</sup>

추출시간 짧게(10~15초)하여 양이 적은(15~20ml) 진한 에스프레소

## 커피에 따른 맛의 특성, 제조시간

### 커피에 따른 특징과 제조 시간

| 종류 | 특징 | 제조 시간 |
|------|------|-----------|
| 핸드 드립<sup>Hand drip</sup> | 원산지에 따른 커피 본연의 맛과 차이를 느낄 수 있다. | 2~3분 |
| 에스프레소<sup>Espresso</sup> | 적은 양이지만 강한 맛과 긴 여운을 느낄 수 있다. | 1분 |
| 베리에이션<sup>Variation</sup> | 다양한 메뉴를 즐길 수 있다. | 1분30초~2분20초 |
| 아메리카노<sup>Americano</sup> | 핸드 드립처럼 부드럽게 에스프레소를 즐길 수 있다. | 1분 |
| 프렌치프레스<sup>French Press</sup> | 커피의 오일 성분이 투과되어 풍부한 맛을 느낄 수 있다. | 3~4분 |
| 체즈베<sup>Cezve</sup> | 가장 오래된 방식으로, 커피를 물에 넣어 끓인다. | 2분 |

# 커피매장 정리정돈하기

## 개점, 폐점 관리

### 개점 전

- 매장 내 진열상태, 청소상태, 재고상태를 파악하고 당일 입고 예정 상품점검
- 상품의 유통기한과 신선도를 체크
- 인적현황을 점검하고 주의사항의 전달을 위한 미팅 실시
- 행사상품을 점검하여 정보제공에 오류가 없도록 직원교육 실시

### 영업 중

- 점포주변, 내부 청소 및 정리정돈
- 주기적인 화장실 청소를 실시하고 체크리스트 작성
- 테이블 세팅, 냉 · 난방 상태 확인
- 배경음악, 조명상태 점검하여 날씨나 분위기에 맞는 분위기 연출
- 직원들의 업무배치가 적절한지 확인
- 입점상품의 검수 · 검품을 실시하고 창고정리 실시
- 냉장 · 냉동고의 온도관리 및 정돈상태를 확인

### 폐점 후

- 당일 판매현황을 점검(진열변경, 가격변경, 행사실시 및 발주조절)
- 직원과의 미팅을 통해 전달사항 확인 및 고객의 소리점검
- 매장 내 조명을 비롯한 각종 전기기구 점검
- 가스 및 화재요인 점검
- 냉장 · 냉동고 체크
- 주방점검, 위생 · 청결 · 안전관리
- 테이블점검, 쓰레기통, 재떨이 등 화기여부
- 식자재창고를 비롯한 후방설비점검

## 청소관리

좋은 제품과 친절한 서비스는 외식사업의 기본적인 요구사항이다. 그러나 그에 앞서 전제 조건이 되어야 할 것은 '청결'이다. 아무리 좋은 음식과 서비스도 청결하지 못한 환경에서 즐기게 된다면 그 가치를 잃게 될 것이다. 쓸기, 닦기 등 기본적인 청소작업을 하면서 동시에 매장 구석구석까지 신경을 써야 깨끗한 매장을 유지할 수 있다.

매장을 청결하게 운영하려면 원칙을 정하고 규칙적으로 청소를 하는 것도 중요하지만 직원 모두 주인 의식을 갖고 항상 주변을 살피는 자세가 필요하다. 매장을 청결하게 만드는 것은 단순히 고객들을 위한 것뿐 아니라 근무자의 심리상태나 감정에도 영향을 미쳐 업무의 효율성을 높여줄 수 있다. 체크리스트를 작성하여 주기적으로 매장 내 청결상태를 확인하고 깨끗한 매장을 만들 수 있도록 해야 한다.

### 화장실청소

세면대와 변기주변 실리콘에 곰팡이가 발생하는 것을 예방하려면 환기를 잘 시켜 건조에 신경을 써야 한다. 만약 곰팡이가 발생했다면 실리콘 위에 휴지를 말아 올려놓은 후 염소표백제를 휴지 위에 뿌려준다. 이 상태로 반나절 정도 방치했다 휴지를 걷어내고 물로 씻어주면 검은 곰팡이가 깨끗이 제거된다. 이 과정은 고객사용이 빈번한 시간보다는 매장정리가 끝난 후 실시하여 다음날 오픈 시 제거하는 것이 좋다.

변기는 바깥쪽 뿐 아니라 안쪽 물이 나오는 곳에 찌든 때가 생기기 쉬우므로 안쪽까지 꼼꼼하게 세정제를 뿌려 깨끗하게 청소해준다. 화장실 벽면이나 바닥타일은 전용세제로 분무한 수세미를 이용해서 닦은 후 물로 씻어주면 깨끗해진다. 타일과 타일 사이의 홈은 솔을 이용하면 더욱 손쉽게 청소가 가능하다.

세면대 밑 트랩에 고인 물로 인한 녹은 베이킹파우더나 땅콩버터를 휴지에 묻혀 닦으면 제거할 수 있다. 세면대 수도꼭지가 물때로 얼룩져 있다면 전용세정제나 오래된 치약을 이용하여 청소할 수 있다. 배수구의 머리카락이나 오물을 꺼낸 후에 소다를 묻힌 칫솔로 배수구 안까지 깨끗이 닦고 염소표백제를 희석한 물을 흘려보낸다. 뜨거운 물을 흘려보내면 소독효과도 있다.

### 주방청소

행주는 용도에 따라 구분해서 쓰는 것이 위생적이며 면이나 마직물의 소재가 적합하다. 식탁이나 조리대를 닦을 때는 쉽게 더러워지므로 짙은 색의 타월을 사용하는 것이 좋다. 또한, 자주 삶거나 햇볕에 일광 소독을 하거나 염소표백제를 이용해 살균과 표백을 겸한다. 잘 세척한 행주라도 젖어 있으면 세균이 증식 될 우려가 있으므로 깨끗이 건조된 후 사용한다. 설거지 후 싱크대와 개수대는 음식물 찌꺼기가 남지 않도록 철저하게 청소한다. 특히, 여름철에는 음식물의 부패속도가 빠르기 때문에 반드시 배수구 망에 남아 있는 음식물 찌꺼기들을 제거해야 한다. 물과 식초를 1:1 비율로 섞은 식초물을 배수구를 닦는데 이용하면 살균효과가 있고, 배수구 망은 솔을 이용하여 이물질을 제거한 후 햇볕에 건조시키면 세균의 번식을 막을 수 있다. 싱크대와 개수대를 청소할 때는 뜨거운 물을 이용하면 소독효과가 높고 마른 행주나 키친타월로 닦아준다.

가스레인지에 묵은 때가 생기면 세균이 번식하기 때문에 매일 청소를 하는 것이 바람직하다. 가스레인지 세척이 꼭 필요한 이유는 가스레인지 버너에 이물질이 끼게 되면 불꽃 구멍이 막혀 열효율이 떨어지고 연소의 원인이 되기도 해 안전을 위협받을 수 있기 때문이다. 만약, 묵은 때가 발생했을 경우 희석시킨 중성세제를 분무기에 넣고 뿌려 때를 불린 다음 칫솔로 문질러 없앤다. 삼발이(청결링)는 뜨거운 물속에 5분 정도 담근 뒤 중성세제로 깨끗이 씻은 후 마른 걸레로 물기를 닦아 재조립한다. 가스레인지 후드 부분에 기름때가 있다면 먼저 기름을 녹인 후 제거해준다. 그 다음 후드 망에 알맞은 수세미를 선택하여 세제로 남은 때를 제거한다. 물행주로 세제를 닦고 마무리는 마른 행주로 물기를 제거한다. 또, 후드의 패드는 2~3개월에 한 번씩 교환하여 청결을 유지하도록 한다.

### 매장청소
매장바닥은 잦은 통행으로 인해 오염과 마모, 훼손이 심해질 수 있으며 세심한 관리가 필요하다. 영업 전·후 뿐만 아니라 수시로 바닥의 오염물질을 제거하고 바닥상태특성(목재, 자기타일, 대리석, 피타일, 아스타일, 데코타일 등)을 고려한 세척작업을 통해 깨끗한 바닥을 유지할 수 있도록 한다.

### 유리창 및 간판청소
매장의 유리창은 바깥 공기와 먼지로 인하여 얼룩과 찌든 때가 발생할 수 있으며 이를 오랫동안 방치할 경우 작업이 힘들어지기 때문에 정기적으로 유리창을 세척해야 한다. 간판은 외부에 직접 노출되어 있기 때문에 보기 싫은 때가 끼지 않도록 자주 청소를 하여 깨끗하게 관리한다.

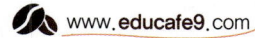

## 정수기관리

정수기의 필터는 수질을 결정하는 가장 중요한 요소이므로 필터 교체주기를 설정하여 언제나 깨끗한 수질을 유지하도록 한다. 또한 수시로 외관을 청소하고 물탱크와 물이 흐르는 유로를 체크하여 살균 및 관리를 할 수 있도록 한다. 정수기의 물받이에 오랫동안 물이 고여 있으면 세균번식의 우려가 있으므로 물을 자주 비워주고 청소해준다.

정수기 사용 시 음료나 음식물이 튈 수 있는 부분을 세척해준다. 특히 얼음정수기 사용 시 먼저 얼음을 담고 음료를 따르면 오염물이 튀는 것을 방지할 수 있다.

## 테이블정리

음료를 마시고 고객이 매장을 나간 후에는 테이블을 정리함과 동시에 보충작업을 행하여 다음 고객을 맞이할 수 있게 준비해야 한다.

### 기물정리

- 테이블의 기물을 정리할 때에는 서비스트레이, 서비스타올을 확인 준비한다.

### 고객의 분실물 및 쓰레기 체크

- 바닥, 의자, 테이블 순으로 체크하고 분실물이 없는지 확인한다.
- 고객이 계산중이라면 분실물을 즉시 전달한다.

### 테이블을 정리하며 서비스타월로 닦기

- 테이블 위에서 측면 순으로 닦는다.
- 의자, 시트위에 부스러기나 쓰레기가 없는지 확인한다.
- 바닥이 더러워져 있는 경우에는 걸레로 닦아낸다.

### 최종 확인

- 의자, 테이블이 다른 테이블과 조화되고 있는지 확인한다.
- 메뉴판을 소정의 장소에 둔다.

# Chapter 06

# 고객 불평 대응 및 고객 불평 처리방법

## 불만고객 이해하기

고객 불평이란 고객이 상품을 구매하는 과정 또는 구매한 상품에 관하여 품질이나 서비스가 마음에 들지 않을 경우 제기하는 것으로 불만의 종류와 원인을 신속하게 파악하고 처리함으로서 고객만족도를 높일 수 있도록 해야 한다. 그렇지 않으면 부정적인 구전으로 많은 잠재 고객을 잃을 수 있고 매출에 부정적인 영향을 미치게 된다.

빈번하게 발생하는 불평사례가 있다면 리스트를 작성해 원인을 분석하고 적절한 대응책을 만들어 대비할 수 있어야 한다.

## 고객 불평의 종류 및 원인

매장에는 많은 고객들이 방문하고 다양한 요구들이 존재한다. 매장 관리자들은 여러 고객들을 만족시키기 위해 서비스 메뉴얼을 만들기도 하지만 고객 개개인의 만족을 모두 채워줄 수 없는 한계를 지니고 있다.

고객의 불만이 증가하는 것은 기대가 점점 높아지는 것에 반해 서비스가 그만큼 미치지 못한 것이라고 해석하기도 한다. 무엇보다 고객 불만의 가장 큰 원인은 서비스 종사자들의 고객응대 과정에서 발생한다고 한다.

### 시설에 대한 불평

매장 환경에 대한 고객의 불만으로 주로 냉 · 난방시설, 테이블과 의자, 조명과 같은 매장 내부에서 발생하지만 엘리베이터, 주차장, 화장실, 대기실과 같은 고객 편의 시설에서도 발생한다. 이런 종류의 불만은 즉시 처리하기 힘든 단점이 있다.

### 종업원 태도에 대한 불평

서비스를 받아들이는 고객의 심리적 상태나 환경에 따라 서비스 종사자의 태도는 오해의 소지가 될 수도 있다. 이런 경우 고객의 자극적인 말이나 태도에 동요하지 말고 침착함을 유지하며 경청하는 태도를 보여야 한다. 고객의 말에 경청해주는 것만으로도 불만의 상당부분이 해소되는 경향이 있다. 고객의 불만을 듣게 되었다 할지라도 그 과정에서 어떤 태도를 보였냐에 따라 고객의 반응이 달라지기도 한다. 혹 고객이 잘못한 경우라도 진지하게 고객의 불만을 처리해주고 진실한 태도로 들어주는 마음이 필요하다.

### 시스템에 대한 불평

가맹점이 많은 프랜차이즈 브랜드 매장의 경우 관리지향적인 시스템Management Oriented System 이 고객과의 마찰을 줄 수 있다. 예를 들어 영업시간, 휴무일, 쿠폰관련업무, 환불 등의 제도는 본사의 지침을 기본적으로 따라야 하겠지만 매장의 위치나 주변 상권 등을 파악하여 그 매장에 맞는 고객의 편의를 최대한 배려해주는 것이 좋다.

### 고객 불평 알아내기

불평은 어떤 상태가 기대에 미치지 못할 때 발생한다. 대부분의 고객들은 불만을 일일이 토로하기보다 매장을 재방문 하지 않는 것을 선택한다. 그래서 서비스 매장은 고객의 불평과 불만을 조사하여 세밀히 알아보고 새롭게 고객에게 만족시킬 수 있는 기회를 찾아야 한다.

## 고객 불평의 처리 방법

아무리 완벽한 서비스일지라도 주관적인 판단에 따라 고객의 불만이 존재할 수 있다. 하지만 고객 불평을 어떻게 처리하느냐에 따라 고객을 잃을 수도 있고 충성고객을 만들 수도 있다. 따라서 고객불평을 대면했을 때 진지한 자세로 경청하여 원인을 파악하고 해결방안을 찾는 모습을 보여준다면 고객의 비호감을 호감으로 바꿀 수 있다.

"고객을 만드는데 10달러, 고객을 잃는데 10분, 고객을 되찾는데 10년"이라는 '10'의 법칙이 있다. 한 명의 단골고객을 확보하기 위해서는 많은 시간이 걸리지만 고객을 잃는 것은 수 초밖에 걸리지 않는다. 그만큼 사소한 부분이라도 고객의 불평과 불만을 중요시하여 처리하고 가능한 빨리 불만이 해소될 수 있도록 적극적으로 노력해야 한다.

만약, 고객의 불평이 원만하고 신속하게 처리된다면 오히려 신뢰감을 높일 수 있으며, 고정고객이 되는 기회가 될 수 있다. 일반적으로 고객으로부터 불평이 발생할 경우에는 다음과 같은 처리방법이 있다.

### 신속한 대응

고객의 불만 내용을 끝까지 경청을 하면서 문제 상황을 신속하게 파악한 다음 고객의 요구조건을 들어준다.

### 관심과 공감

고객이 서비스에 대한 불만을 제기 할 경우, 감정적인 동조를 통해 고객과 정서적으로 하나가 되는 것이 중요하다. 또한, 경청한 내용을 간단명료하게 정리하여 고객에게 설명함으로써 고객의 불만원인과 불편함을 충분히 공감하고 있다는 뉘앙스를 고객에게 전달한다. 이 때 고객은 자기의 불만이 전달되었다고 생각하며 관심과 존중을 받는 느낌을 갖는다.

### 변명의 금지

설사 고객이 잘못한 일이라도 매장에서 고객과 언쟁을 높이면 서비스 제공자가 지게 되는 싸움이다. 고객의 불만을 파악하고 그 부분에 대해 재빨리 사과하는 것이 낫다. 괜한 변명으로 고객 불평을 확대시키기보다 진심어린 사과를 통해 고객의 마음을 진정시키는 것이 중요하다.

### 문제의 파악

고객의 불평에 대해 성의 있는 태도로 경청하고 신속하게 원인을 파악해야 한다. 혹 건성으로 듣거나 불성실한 태도를 보이면 문제를 확대시킬 수 있다.

### 사람의 변경

고객은 문제가 잘 해결되지 않거나 불만이 해소되지 않으면 좀 더 직책이 높은 사람과 이야기 하는 것을 선호할 때가 있다. 고객이 불만이 계속 이어진다면 자신의 선에서 끝낼 것이 아니라 상사에게 전달해 처리하는 것이 효과적일 수 있다.

### 장소의 변경

고객이 언성을 높여 불평을 할 경우, 다른 고객이 보이지 않는 곳으로 장소를 이동하여 처리하는 것이 좋다. 언성이 높아지면 시선이 집중되고 다른 고객에게도 좋지 않은 영향을 미칠 수 있다. 감정을 진정시킬 수 있는 음료를 함께 제공해 생각할 시간을 주는 방법도 있다.

## 정중한 사과 및 문제의 해결

고객에게 정중하고 성의 있게 사과하며 신속하게 문제 해결 방안을 검토한다.

## 재발 방지 대책 수립 및 일지작성

고객 불평이 발생하면 일단 동일한 문제가 재발하지 않도록 상황을 기록하고 원인을 분석하여 대책을 세워야 한다. 이를 바탕으로 서비스 종사자의 서비스 수준을 향상시킬 수 있는 교육을 실시한다. 고객의 불만이나 요구사항은 다양하며 아무리 객관적으로 뛰어난 상품과 서비스라도 고객에 따라 기대치와 만족도가 다르기 때문에 불만이 생길 수 있다. 고객에 따라 같은 사안의 불만이라도 각각 다른 대응책이 있다. 고객의 불만을 관리자에게 보고한 후 모든 사항을 육하원칙六何原則에 준하여 기록한다.

- Who: 주체적 인물
- When: 시간
- Where: 장소
- What: 내용
- Why: 이유
- How: 처리방법
- 같은 종류의 실수 및 성격이 다른 기타 컴플레인의 원인을 미연에 방지할 수 있다.
- 종업원 교육 시 자료로 활용한다.
- 고객의 기호파악을 용이하게 해주는 자료가 된다.
- 매장의 발전을 뒷받침하는 귀중한 자료로서 역할을 할 수 있다.

## 시연자 소개

### 이종철

- 현) 주식회사 메테오라 총괄이사
- 2008년 ITALY Dalla Corte 기술 연수
- 2009년 Switzerland Rex royal 기술 연수
- 2009년 ITALY ANFIM 기술 연수
- 2011년 KCA Barista Classic 결선 테크니컬 심사위원

### 임종명

- 바이림 대표
- 제2회 KBC(한국바리스타챔피언십)우승
- 할리스 커피온바바 광고모델
- 2003년 WBC(월드바리스타챔피언십) CBC(한국바리스타챔피언십)한국대표 선발전 3위
- 2014년 GUCCI CAFE POPUP 프로젝트 진행
- 2015년 ㈜ 하나투어리스트 '뜨루드카페' 컨설팅
- 아름다운 가게, 아름다운 커피 홍보대사
- MBC 드라마 '커피프린스1호점' 자문
- ㈜아이비라인 'BEST COFFEE 77' 공동저자
- 2003년 제1회 KBC(한국바리스타챔피언십)동상
- 2009년 2011년 ㈜미스터피자그룹 '마노핀앤카페' 컨설팅
- 2014년 태영F&B '주커피' 컨설팅
- 2015년 ㈜ 놀부 레드머그 커피 컨설팅
- 2007년~2009년 KBC(한국바리스타 챔피언십) 운영위원 심사위원
- 2008년 한국커피교육협의회 WBC 국가대표 및 SCAE Latte Art 한국대표 선발전 심사위원
- 2005년~2008년 KCES(한국커피교육협의회)바리스타2급 자격시험 실기 평가위원
- 2013~2014년 강원도립대학 식품가공제과제빵과, 평생교육원 강의
- 2013~2014년 서울연희전문학교 호텔식음료학부 강의
- 2012년 동서식품 '타시모' 런칭
- 2014년 2014 CAFE SHOW 'NESPRESSO AGUILA(아길라)' Barista Demo Show

## 유정현

- 2008년 WBC(World Barista Championship)
  한국 국가대표 바리스타
- 2008년 KNBC(Korea National Barista Championship)
  국가대표 선발전 우승(대상)
- 2009년 KNBC(Korea National Barista Championship)
  국가대표 선발전 입상
- 2010년 KNBC(Korea National Barista Championship)
  국가대표 선발전 3위 트레이너
- 2007년 BAOK 바리스타 챔피언십 1위
- 2007년 KBC(Korea Barista Championship) 4위
- 2006년 KBC(Korea Barista Championship) 6위
- 바리스타 자격증 심사 Trainer & Technical 심사위원
- (현) Mayfield Hotel School 바리스타학과 겸임교수
- (현) ASTAR Coffee Company 대표

## 류연주

- 2010 Korea National Barista Championship 8
- 2012 Korea National Barista Championship 우승
  (국내최초 여성 바리스타 챔피언)
- 2012 World Barista Championship 참가
- 2013 Korea National Barista Championship 9위
- 2015 Korea Brewers Cup Championship 우승
  (국내최초 여성 브루어스컵 챔피언)
- 2015 World Brewers Cup Championship 참가
- 2012~2014 Barista Association Of Korea 센서리
  심사위원
- 2012 Aeropress Championship 센서리 심사위원
- 2015 World Latte Art Battle 운영위원
- 2012 '커피수업' 집필

# 참고문헌

- 이승훈(2009). 올 어바웃 에스프레소. (서울꼬뮨).
- 이영민(2002). 커피트레이닝. (아이비라인).
- 유대준(2012). 커피인사이드. (해밀).
- 송주빈(2008). 커피 사이언스. (주빈).
- 지정은(2010). 바리스타와 커피이야기. (수학사).
- 최봉수(2009). 명품 바리스타 14인의 스타일. (웅진 씽크빅).
- (사)한국커피전문가협회(2011). 바리스타가 알고 싶은 커피학. ((주)교문사).
- 김일호, 김종규, 김지웅(2012). 한 권에 다 있다 커피의 모든 것. (백산출판사).
- 서진우(2010). 바리스타 기본서 커피 바이블. (대왕사).
- 문준웅(2009). 완벽한 에스프레소 커피의 이해. (아이비라인).
- 박이추 외(2014). 커피학 입문. (광문각).
- 전광수 외(2008). 기초커피 바리스타. (형설출판사).
- 김윤태 외(2010). 커피학개론. (광문각).
- 이현석(2010). 커피 로스팅 테크닉. (서울꼬뮨).
- 최병호, 권정희(2013). 커피 바리스타 경영의 이해. (기문사).
- 전인호(2015). 에스프레소 커피음료제조 (공유).
- 김대철(2014). 커피학개론. (리빙스톤스쿨).
- 김창진(2015). 핸드드립커피. (도서출판 한수).
- 김영식(2006). 에스프레소 하권 라떼아트. (서울꼬뮨).
- 이영민(2006). 커피 스타일링 바리스타의 예술 라떼아트. (아이비라인).
- 이영민(2004). 베스트커피77. (아이비라인).
- 최정화(2007). 맛 좋고 보기 좋은 웰빙 스페셜 음료 Best 50 Plus. (서울꼬뮨).
- 우유자조금관리위원회. http://www.imilk.or.kr/html/aboutmilk.php
- SCAA 커피 향미 평가 핸드북
- 네이버 지식백과
- 황춘기 외 9명(2008). 주방관리론. (지구문화사).
- 남택영(2000). 호텔식음료서비스 실무. (학문사).

- 박영배(2010). 식음료서비스 관리론. (백산출판사).
- 박혜정(2010). 서비스실무. (백산출판사).
- 박혜정(2012). 서비스맨의 이미지메이킹. (백산출판사).
- 신정화·이희천·박성부(2002). 호텔 식음료 실습. (남두도서).
- 심윤정·신재연(2013). 고객서비스실무. (한올).
- 안치호·김미향·최규식·백승희(2004). 호텔식음료서비스실무. (백산출판사).
- 이유재(2014). 서비스마케팅. (학현사).
- 이정학(2013). 호텔식음료실습. (기문사).
- 이준재·허윤정(2009). 고객감동서비스 & 매너연출. (대왕사).
- 최병호·유도재(2010). 호텔식음료 실무론. (백산출판사).
- 최주호·최해수·안종기·김윤경·박인규·최성철(2011). 식음료서비스 관리론. (형설출판사).
- 업종별 점포운영 매뉴얼(2009) 중소기업청. 소상공인 진흥원.
- 매장정리정돈. 대한건물환경관리(주)
- 홍성수(2006). 회사에 들어가서 처음 만나는 손익. (새로운 제안).
- 이종민(2009). 세상에서 가장 재미있는 재무재표 이야기. (원앤원북스).
- MKRI(2011). 부기와 기초경리 지식쌓기. (미래와 경영).
- 손종성(2011). 왕초보사장을 위한 참 쉬운 세금. (북오션).
- 고희동(2011). 경비지출 증빙실무. (코페하우스).
- 주용철(2009). 세상에서 가장 재미있는 세금이야기. (원앤원북스).
- 유양훈.남승원(2010). 자영업자가 꼭 알아야할 경리 세금 총무 101. (원앤원북스).
- 강석원(2010). 총무인사업무매뉴얼. (코페하우스).
- 이종민(2009). 세상에서 가장 재미있는 경리이야기. (원앤원북스).
- 박경수(2014). 지금 당장 기획공부 시작하라. (한빛비즈).
- 미래와 경영연구소(2013). 총무와 인사관리 지식쌓기. (미래와 경영).
- 마이클 리델(2010). 생산스케줄링 블루 북. (APSMATE).

국가직무능력표준

NCS 커피
레귤레이션

# 바리스타

초판발행 2016년 4월 27일

**지은이** 윤선희, 이영민, 최근표, 정진범, 이승훈
**디렉터** 성백철
**포토그래퍼** 이윤행 / **사진제공** GSC International
**디자인** 차일수 / **편집** 백지선
**펴낸곳** 오스틴북스 / **주소** 경기도 고양시 일산동구 백석동 1351번지
**전화** 070-4123-5716 / **팩스** 031-902-5716
**등록** 2010년 2월 26일  제396-2010-000009호
**ISBN** 978-89-94874-87-6 13570

이 책에 대한 의견이나 오탈자 및 잘못된 내용에 대한 수정 정보는 아래 이메일로 알려주십시오.
잘못된 책은 구입하신 서점에서 교환해 드립니다.
**홈페이지** www.austinbooks.co.kr
**이메일** ssung7805@hanmail.net

Published by AUSTINBOOKS. Printed in Korea
Copyright © 2016 윤선희, 이영민, 최근표, 정진범, 이승훈 & AUSTINBOOKS